転換期の焦点 7

高橋哲哉 + 小泉好延
内海愛子 + 市野川容孝
海老坂武 + 菅井益郎
桜井　均 + 越智敏夫

脱原発宣言

文明の転換点に立って

市民文化フォーラム *citizen culture forum*【編】

世織書房

「転換期の焦点」の刊行にあたって

「何が起こっているか、考えたいんです。情報も集めたいしもっと勉強もしたい」「仕方がないといってはいけないと思うようになりました」「どうしたらいいのか、答えが見つからないから、他の人の話を聞きたい」

3・11以降　携帯で、ツイッターで、you tubeでと、様々に情報を集めながら、市民一人ひとりが考え、行動している。とまどいながらも自分の意志を声に出し、日常の言葉で政治を語り始めた。

＊

「市民文化フォーラム」は、二〇一一年以降、「脱原発宣言」を掲げてシンポジウムや研究会を続けてきた。その成果はこのような「何かを考えたい」人たちに貴重な情報を提供するだけでなく、「答え」を見つけようとする人たちにも様々なヒントをもたらすだろう。

＊

シリーズ「転換期の焦点」は、「市民文化フォーラム」の八・一五集会や研究シンポジウムの成果である。これはかつて「国民文化会議」が編纂した「転換期の焦点」シリーズを引きつぎ、3・11以降の「転換期」に焦点をあわせて刊行するものです。

尚、本報告は二〇一一年八月一五日に「脱原発宣言」と題して催した八・一五集会の内容に東電福島第一原発事故発生から一年半の間に新たに発生した問題点や課題を補論として加えています。

脱原発宣言　目次

脱　原　発　宣　言

2011年4月10日、のべ15000人が参加した高円寺での反原発デモ
(© ペーター、2011)

【問題提起】

福島原発事故と犠牲のシステム

高橋哲哉

■福島とのかかわり

今回、脱原発宣言をテーマに問題提起を、というお話をいただき、少々とまどいました。私は原子力工学の専門家でもありませんし、放射線医学の専門家でも、エネルギー問題の専門家でもありません。そういう見地から問題提起をする資格、あるいは能力、それが私にはありません。それでも結局、お引き受けしたわけですが、それは三つの口実が見つかるかなと思ったからです。

一つは、市民文化フォーラムというこの会の趣旨からして、市民の一人として発言する。二つ目は、研究者としてこの数年間、犠牲（sacrifice）という問題に関心をむけてきました。

二〇〇五年に、『靖国問題』（筑摩書房、二〇〇五年）と『国家と犠牲』（日本放送出版協会、二〇〇五年）という、日本の「靖国」というシステムに典型的に見られるような、国家が国民に犠牲を要求する、というそのことの問題について、二つの小著を上梓させていただきました。

最近では、宗教における犠牲の問題についても、考えたり論じたりしてきました。宗教が犠牲の論理、あるいは犠牲という観念を媒介にして、容易に国家と癒着してきた歴史、またそういうものの構造を、批判的に分析するということもしてきました*。

＊大災厄を「天罰」や「天恵」と受け止めること自体は決して珍しいことではありません。まさに犠牲の論理と結びつく重要な問題がそこに含まれている、ということには注意が必要です。実はイタリアでも、カトリック系の歴史家ロベルト・デ・マッテイが今回の震災について、「神の善意の声」であり、「天罰」だと発言しました。そして被災者は「一種の犠牲（サクリフィツィオ）」だと述べたのです。彼は反進化論者でありながらイタリア研究会議（CRN）の副議長でもあることから、これまでも物議を醸してきたのですが、今回も批判が殺到し論争になりました。

私は国家や宗教だけでなく、文化や社会の中に根深く存在する犠牲（サクリファイス）の論理に関心をもってきましたが、そう思って見てみると、日本でもかつて関東大震災の時に天罰論や天譴論が唱えられ、知識人も参加している。デ・マッテイから連想したのは内村鑑三の「天災と天罰及び天恵」（一九二三年一〇月）という文章です。同じキリスト教でも、カトリックの伝統主義者とプロテスタント無教会派の内村を一緒にはできませんが、内村のような、近代日本の思想的巨人と言える人でも、犠牲の論理から一種の天譴《けん》論を立てているんです。内村はまず、地震は地質学の原理に従う「天然の出来事」、自然現象であると、当然のことながら認めています。ただそれは、私たちの受け止め方次第で「天罰」にも「天恵」にもなると言うのです。東京は享楽的な文明を享受してきて、罪にまみれた汚辱の巷になっていたので、神が反省を迫っている。被災者は「国民全体の罪を贖はんために死んだ」「犠牲」なのだと。しかしまた、ここから悔い改めて再出発するなら、天の恵みにもなるのだと。朝鮮人虐殺事件のことは触れられていません。やはりこれは一種の天罰論だと言わざるをえない。震災の死者を自分の物語の中に回収し、罪意識を埋め合わせる（「贖う」）ために利用している、と言ったら言い過ぎでしょうか。内村の日露戦争の時の非戦論は有名ですが、開戦後の「非戦主義者の戦死」（一九〇四年）には相当危うい犠牲の論理が露呈しています。このあたりの天罰論、天譴論、天恵論はすべて、批判的に検証されるべきだと思っています（高橋哲哉「フクシマの犠牲と人間の責任」『POSSE vol.11』NPO法人POSSE編、合同出版、二〇一一年五月より抜粋）。

このような見地から福島原発事故を見たときに、すぐに浮かんできたのが、犠牲のシステムとしての原発、という視点です。ここには「靖国」にも通じる、一種の植民地主義的な日本国家の性格というものが伏在しているのではないかと考えました。こういう視点からであれば、研究者の端くれとして私が問題提起をさせていただいても許されるかなと思いました。

最後に三つ目は、これは非常に個人的なことですが、私は福島県の出身です。福島第二原発がある富岡町は、福島第一原発からも至近距離にあり、三月一一日にただちに避難指示が出て、現在（二〇一一年八月一五日）、警戒区域になって立ち入り禁止です。ゴーストタウン化しているわけです。

私はここで、小学校に入学する前の年から、四年間暮らしました。高校卒業まで、父の仕事の関係で福島県内を転々としましたので、県内のいたる所に思い出があります。大学に入学するために東京へ出てきて四〇年近く、今では東京の人間になってしまいましたけれども、かつて福島の子どもであった人間という言い方ができるとすれば、そういう人間として、今回の事故には深い衝撃を受けてきたわけです。正直にいいまして、慙愧の念といいますか、悔しいような恥ずかしいような、なんともいえない後悔の念のような非常に複雑な感情に、苦しんでいる……という と大袈裟ですけれども、そういう思いを抱えています。

私は、もちろん一九八六年のチェルノブイリ原発事故のときには大変ショックを受けましたし、一九九九年の東海村ＪＣＯ臨界事故があって、作業員の方が二人亡くなられました。じつに悲惨な亡くなられ方でした。これは、ＮＨＫのドキュメンタリーになって、今は文庫で読めますけれども、あのときにも衝撃を受けていました。

原発には基本的に反対の立場で、「CO_2削減のために原発を推進する」というような理屈が出てきたときには、なんという屁理屈か、と思ったりしていたのです。しかし、自分として、原発をテーマに取り組んできたことはなかった。ほかに優先すべき問題があった、取り組みたい問題があったからだといえば、これはけっして嘘ではないのですが、しかし、結局そういうなかで原発の問題に正面から取り組んでくることをしてこなかった。自分のなかでどこかに油断があったのではないか、そういう気持ちを強く持っています。それが、福島出身であるということと絡み合って、理屈ではないような慚愧の念としてあるわけです。

ですから、当事者とはいえないと思います。「半当事者未満」くらいの感じですが、そういう人間の思いを語る、ということもある程度は許されるのかなと思います。

以上三つ、私がここで問題提起をさせていただく口実を見つけてみました。理屈をつけないといけないと思うのは、職業病なのかもしれません。前置きが長くなりましたが、本論に入ります。

■原子力発電所という犠牲のシステム

今回の福島原発事故で、原子力発電が犠牲のシステムであるということが誰の目にも明白になったと思います。日本の国家の、犠牲のシステムとしてかつての「靖国」と通底するような犠牲のシステムだといえるのではないか、ということです。

では、犠牲のシステムとは何か。私はさしあたり、次のように定式化しています。

犠牲のシステムでは、ある者たちの利益が他の者たちの生活、生命、健康、日常、財産、尊厳、希望など――色々なものが考えられると思いますが――を犠牲にして生み出され、維持される。犠牲にする者の利益は、犠牲にされる者の犠牲なしには生み出されないし、維持されない。この犠牲は、通常隠されているか、もしくは共同体――共同体といいますのは、国家、国民、社会、企業……色々な形があると思いますが――にとっての尊い犠牲として美化され、正当化されている。このように定式化できるのではないかと思います。

たとえば、靖国というシステムは、植民地帝国としての日本国家を建設し、維持し、拡張していくために、敵対する人びとを殺戮し、その過程で戦死した自国の兵士の死を尊い犠牲として正当化する犠牲のシステムであった、というように考えられます。

では、原発が犠牲のシステムであるということはどういうことなのか。

まず、第一のポイントとして福島原発事故が福島県民に甚大な被害を与えているということは、誰の目にも明らかでしょう。原発が立地する浜通り地方、あの辺りを中心としていくつかの自治体の住民が、およそ一〇万人くらいでしょうか、これが三月一一日にただちに、あるいはその後、計画的に避難を余儀なくされて、いわば原発難民とならざるをえなくなっています。ふるさとは、死の町と化して永遠に戻れないかもしれないし、戻れるとしても何年、何十年先になるかわからない。生活そのものを破壊されてしまったといえます。

これらの指定された避難地域の外側でも、福島市、郡山市などいわゆる中通り地方の七〇万から八〇万人くらいでしょうか、こういった数の人びとが放射線被曝の不安におののきながら暮らしています。チェルノブイリ事故の基準でいえば、避難しなければいけない、避難の義務、あるいは避難の権利というものが生じるような放射線量を記録しながら、政府や県の思惑によって、避難指示が出されなかった地域です。

これから数年後、一〇年二〇年後にこうした地域の人びとに、どれだけの健康被害が発生するのか。不安を持つなといっても無理な話です。そしてさらに、比較的被曝線量が少なかった会津地方を含めて、農業、畜産業、観光業、漁業、また工業と製造業まで、福島県全体のすべての産業が壊滅的な被害を受けているということは、連日の報道によってご存知の通りです。

福島という名前が、今やアルファベットで、ここではカタカナでといったほうがいいかもしれませんが、「ヒロシマ、ナガサキ、フクシマ」とか、「スリーマイル、チェルノブイリ、フクシマ」といわれ始めているわけです。この意味で、3・11は福島県民に核の大惨事をもたらしたのだということを、まずは銘記したいと思います。

私がこのことを他人事だと思えないのは、先ほど申しましたような個人的な事情によるものです。人生の記憶をさかのぼっていきますと、一番最初の記憶が残っている町、それが富岡町で、私が住んでいた頃はもちろん福島第二原発はありませんし、第一原発さえありませんで、家の裏山とか畑、田んぼ、丘、それに学校の校庭、町中の色々な場所、そして海辺まで、いたる所が遊び場でした。そういう思い出がたくさん残っていた町が、今や放射能の海に沈んでしまっている、という感覚があります。

私が生まれたのは、現在のいわき市の沿岸部にあります、江名という港町に父が赴任したときでした。そこには小さな漁港がありました。私は○歳児のときに一年間そこにいただけでまったく記憶になかったのですが、母から「お前は江名で生まれた」と繰り返し繰り返し聞かされまして、私のなかで神話みたいになっていたのです。

今年の五月の連休に、一人でそこに行ってみました。すると、港が津波で瓦礫の山になっていました。原発から、放射能汚染水が大量に放出されたあとだったので、漁業も壊滅という状態です。夜にいわき市の中心部で魚を食べようと思っていましたが、地元のお魚が出てこない。「すみません、全然漁ができていないんです。いつできるようになるか、わからない状態です」とのことでした。津波の被害に重ねて、いわき市の場合は放射能汚染水の放出、これが大きな影を落としています。それから、私の実家があって高校三年間を過ごしたのが福島市ですが、先月訪ねたときには、学校や住宅地の放射能汚染が大問題になっていました。

とくに子どもを持つお母さんたちが、避難させるべきなのか、避難すべきなのかどうか悩んでいました。避難するとしても政府の指示がありませんから、全部自分でやらなければいけない。現実に学校から突然、友だちがいなくなってしまう。なぜかというと、「京都にいくんだ」とか「北海道にいく」などというと、仲間のなかで浮いてしまう、へたをすると悪口をいわれてしまうというようなことで、当日までだまっていて、いなくなってしまう。そのようにポツリポツリといなくなってしまうので、とても寂しいとも伺いました。

放射能汚染の被曝状況の把握や除染活動などをもう始めなければいけないが行政にはまかせて

おけない、ということで市民がネットワークを立ち上げて、行政に先んじて活動し、かつ行政と闘っていくという姿も目の当たりにしてまいりました。

■大事故の可能性が想定されていたからこそつくられた

このように、ひとたびシビアアクシデントが起こると、原発はまず、周辺地域の人間と自然に深刻な被害をもたらす。だからこそ原発は、大都市の周辺を避けて、人口過疎な地方につくられてきたということです。このことは、原発がまさに周辺住民の犠牲を想定しなければ成り立たないものであることを示しているのではないでしょうか。大事故は想定外だったわけではない。まさに大事故の可能性を想定したからこそ、東京電力は原発を東京湾岸にではなく、福島や新潟の沿岸部につくってきた。関西電力は、大阪湾岸にではなく、福井県の沿岸部、若狭湾の辺りにつくってきた。美浜原発（福井県美浜町）や高浜原発（福井県高浜町）、大飯原発（福井県おおい町）、関西電力の原子炉が集中しています。

このような中央と周辺の構造的な差別を覆い隠してきたのが、いわゆる安全神話だったのではないでしょうか。地方の自治体が電源三法（一九七四年に制定。電源開発促進税法、電源開発促進対策特別会計法、発電用施設周辺地域整備法のこと）等によって交付金が得られる、あるいは原発、電力会社から多額の税収が見込める。さらには、原発関連の雇用が増加して、経済的利益があてにできる……こういうことで、原発を誘致してきたわけですが、原発を受け入れたのは、「絶対に安全」ということがいわれ、それが前提だったからだといわざるをえません。しかし、生活や町そのものが破壊されてしまっては、経済も何もあったものではありません。

ひとたび過酷事故が起きると、被害は県境を越えて拡張し、大都市圏にまで及ぶということを今回、首都圏の私たちは痛感させられましたし、現在進行形で痛感させられていますし、それどころか、被害は国境を越えて拡大して、広大な地域に及んでいくということを、私たちはチェルノブイリで知っている。おそらくは今回も、確認させられることになるでしょう。

以上が第一点です。

■被曝労働者を前提としている

原発が犠牲のシステムであるという第二のポイントは、原発が被曝労働者の存在を前提にしているということです。一九八〇年前後から出版された何冊かの被曝労働者についてのルポルタージュがありまして、ある人たちにはこれらを通して知られていたことですが、被曝労働者の実態が一部ではあれマスメディアを通して広く報じられたのは、福島原発事故の結果だったと思います。

最初は海外の報道から〝フクシマ五〇〟と呼ばれ、後に国内で「決死隊」とか「平成の特攻隊」とか呼ばれるようになった人たち、最悪の破局を防ぐために、原発内で被曝しながら命をかけて作業している人たちがいる。彼らこそ英雄だ、という賞賛の声が上がったのです。作家の佐藤優という人は、「この危機を脱出するために、生命を日本国家と日本人同胞のために差し出さなくてはならない人が出てくる」といいまして、国家のための死を、まさに尊い犠牲として持ち上げる言説を展開しました。

海江田万里経産相は、「現場の人たちは線量計をつけて入ると、線量が上がって法律では働けなくなるので、線量計を置いて入った人がたくさんいる」「頑張ってくれた現場の人は尊いし、日本人が誇っていい」といっています。

これは、靖国の論理と同じではないでしょうか。大量被曝を覚悟しながら働かざるをえない人たちを英霊予備軍として讃えるということは、自分たちは安全な場所にいて、彼らの犠牲から利益を上げている人たちの責任を見えなくしてしまいます。それは電力会社の幹部たち、原発関連企業、経済産業省、そしてその利益のおこぼれにあずかってきた学者やマスメディアなど、そういう人たちですし、私のように東京電力の電気を享受した人間たちです。

しかし、破局を防ぐためには、誰かが被曝労働の犠牲を担わなければならないというのが、原発というシステムなのです。

こうした被曝労働は、危機のときだけ必要とされるのではありません。原発内部では、とくに事故が起こっていないときでも、日常的に末端労働者は被曝労働を強いられ、健康被害にさらされており、被曝が原因とみられる病気や死亡例が後をたたないということがあります。そのことが、まさに何人かのルポライターの取材、あるいは証言によって明らかになっているわけです。

末端の被曝労働者は、必ずしも電力会社の社員ではなく、下請け会社、孫請け会社、ひ孫請け会社といった会社が集めた非正規労働者であったり、寄せ場から実態を知らせずに集められた、日雇いの労働者であったりします。底辺の経済的弱者であるがゆえに、被曝しながらでも働かざるをえない人たちの犠牲がなければ、平時の原発でさえ成り立たないシステムなのです。

3・11以後、三月中に福島第一原発で被曝労働にあたった作業員は約三千六百人、「フクシマ五〇」どころではありません。一〇〇ミリシーベルトを超えた被曝者一二四人で、また三月から五月までで六〇〇ミリを越えた人も二人いた。四月二五日作成の経済産業省の試算では、五〇ミリシーベルトを越えた人が約一六〇〇人、最近の厚生労働省の発表では、七月末までに第一原発に投入された作業員は一万六千人で、一〇〇ミリシーベルト以上の被曝者は一〇八人、さらに二〇〇人近くが行方不明であるという報道がありまして、東電の管理がいかにずさんであるか、その使い捨ての実態が垣間見えると思います。

これらの数字が、ほぼ実態を表しているとしますと、これは何を意味していると考えられるでしょうか。日本では原発労働者の被曝限度は、年間五〇ミリシーベルト、五年間で一〇〇ミリシーベルトです（電離放射線障害防止規則第四条）。労災を申請しても、因果関係が確定できないなどといって退けられることが多くて、ほとんどが闇に葬られてきたといわれていますが、過去四〇年間で労災が認められたわずか一〇例をみますと、白血病が六人、多発性骨髄腫が二人、悪性リンパ腫が二人ということです。このうち、累積の被曝線量が最高の人は一二九・八ミリシーベルト、残り九人は一〇〇ミリシーベルト以下で、最低の人は五・二ミリシーベルトで労災が認められています。

白血病で亡くなりました静岡県の嶋橋伸之さんは、八年間の累積被曝量が五〇・九三ミリシーベルトだということで、亡くなってから労災が認められました。嶋橋さんと同じ基準で見れば、福島第一原発の収束のために作業にあたっている人たちからは、何千人も労災認定者が出てきてもおかしくないということになります。何千人もの人が死亡してもおかしくないということになってしまいます。

五年間で一〇〇ミリシーベルトが限度だというのに、福島のケースで政府は、年間二五〇ミリシーベルトに基準を引き上げたわけです。五〇ミリシーベルトで死亡して、労災認定されているというのに二五〇ミリシーベルトまで我慢しなさいというわけです。

三月一七日前後に、細野剛原発事故担当大臣は、二五〇ミリシーベルトでは仕事にならない、と基準の引き上げを求めた。それに対し菅直人首相は、五〇〇ミリシーベルトに上げられないかと望んだ。しかし、北沢防衛大臣が反対して引き上げが見送られた、と「毎日新聞」では報じられています。

二五〇ミリシーベルトにせよ、五〇〇ミリシーベルトにせよ、これらの人たちは政府によってすでに見捨てられている、といわざるをえないのではないでしょうか。

■作業員の大半が地元住民

それから、忘れてはならないのが、これらの作業員のおよそ七割から八割が地元、原発立地自治体の出身者と見られることです。東京電力によりますと、昨年（二〇一〇）の七月、つまり3・11の前ですけれども、この時点で第一原発の作業員は六七七八人。このうち五六九一人が下請けの社員で、福島県出身者は五一七四人だった。これは、福島県出身者が全体の七六％を占めているということです。

一九七〇年代の末に、『原発ジプシー』（現代書館、一九七九年）というルポルタージュの著者として知られた堀江邦夫さんの証言によりますと、堀江さんが所属した下請け業者の約六〇人の労働者のうち約七割が地元出身で、残りの三割が県外からの日雇い労働者だった、といいます。

今回の事故で、作業員の健康チェックをした医師の証言によりますと、約八割が地元の人で、避難所から通っている人が多かった、ということです。つまり、原発事故の地元被災者が被曝しながら事故の終息にあたらせられている。二重の被害者になっている。こういう現実があるのだと思います。

このように見てきますと、原発というものが、内部にも外部にも犠牲を想定せずには成り立たないシステムであるということがわかってくると思います。日常的にも、今回のような危機の場合においても、原発はその内部に、被曝労働者の犠牲を必要としています。これがなければ、まわっていかない。そしていったん大事故になりますと、まず地元と周辺の人たちや環境が、そし

参考〈日本のウラン購入契約状況・2010年3月現在〉

輸入契約形態	相手先国	契約数量（U_3O_8ショート・トン）
長期契約、短期契約及び製品購入	カナダ、イギリス、南アフリカ、オーストラリア、フランス、アメリカ等	約 377,300
開発輸入分	ニジェール、カナダ、オーストラリア、カザフスタン	約 83,800
合　計		約 461,100

注：1ショート・トン＝約0.907トン
（『原子力・エネルギー図面集』電気事業連合会、2012年）

て放射性物質の拡散によって県境、国境をも越えて、広大な地域の人たちや環境が犠牲にされる。

以上、二つの点をあげましたけれども、原発に組み込まれた犠牲はこれだけでは終わらないと思います。

■採掘労働者の被曝

第三に原発は、核燃料の原料となるウランの採掘から、核燃料の生成のプロセスにおいて被曝の犠牲を引き起こすということです。日本がウランを輸入しているのは、オーストラリアやカナダ、そしてナミビアやニジェールなどのアフリカ諸国ですけれども、採掘現場一帯では、採掘労働者の被曝、放射能汚染にさらされた周辺住民の被害など、深刻な問題が発生しています。

多くの場合に、先住民族がとくに被害を被っています。かって日本でも岡山県の人形峠で行われていたウランの採掘がありました。そこで採掘労働にかりだされた周辺住民が被曝して、また放射線量のきわめて高いウランの残土が放置されるなどして問題を引き起こしたことを忘れることはできないと思います。

ちなみに、第二次世界大戦末期に帝国陸軍が核兵器の開発計画を進めていたということはご承知のとおりですが、当時、燃料のウランは福島県南部の石川町という所で採掘が行われていました。動員されたのは、旧制の私立石川中学、現在の学校法人石川高校の生徒でした。私はこのことを、石川町に講演で訪れたときに、現地の方から伺って初めて知りました。おそらく福島県のほとんどの人たちも、この事実を知らないのではないかと思います。

■行き場のない放射性廃棄物

三点目の犠牲の種が原発システムの起点、つまりウラン採掘にあるとするならば、第四の犠牲はこのシステムの終着点にあります。つまり、放射性廃棄物です。

原発はトイレのないマンションに譬えられますが、危険な核のゴミを最後にどう処理するか。人類はまだこの問いに確たる答えを持っていないのに、日本はすでに、この列島に五四基もの原発を稼動させてしまったわけです。

日本政府は地中に埋める地層処分を検討していますが、その候補地として、現在の原発立地地域が多く想定されている。ということは、日本政府が性懲りもなく、核のゴミの危険を、これらの地域に押しつけようとしていると考えられます。行き場のない放射性廃棄物がどれだけの犠牲を生み出すか、誰にもわからないのですが、それが犠牲の種であるということだけは、はっきりしているわけです。

さらに、福島第一原発事故が進行中の五月九日、もちろん今も進行中ですが、「毎日新聞」などで驚くべき事実が報道されました。日本の経済産業省が昨年の秋からアメリカのエネルギー省と共同して、放射性廃棄物の国際的な貯蔵・処分施設をモンゴルに建設する計画を極秘に進めていた、ということです。

原発建設の技術を供与することと引き換えに、危険な核のゴミを押しつけてしまおうということではないでしょうか。そして、モンゴルのウランの推定埋蔵量が一五〇万トン以上だということがいわれていまして、開発すれば世界のトップ三のウラン供給国になる、と予想されているために、日米はおそらくウラン燃料の安定確保も狙っているのでしょう。

しかし、そんなことになれば、モンゴルでは放射能による何重もの犠牲が強いられることになります。これはまさに植民地主義以外の何ものでもないのではないでしょうか。七月二七日、松本剛明外務大臣が、「モンゴル政府が核廃棄物の受け入れを断ってきた」と明らかにしました。そうは問屋が卸さなかったということになります。

以上、四つの点から、原発が犠牲のシステムであるということを考えてみました。このような犠牲なしには成り立たないシステムである以上、原発は全廃されるべきだと考えます。たとえ原発を廃炉にすること自体がとてつもなく難しくて、犠牲とまではいかなくとも膨大なコストを要する、ということが確かだとしても、それでも全廃に向けて進むべきだと、私は考えます。

原発にはこれだけの犠牲が組み込まれている。この犠牲なしにはまわらないシステムである以上、この期におよんで原発を推進するという人たちは、誰を犠牲にするのか、誰を犠牲にするつもりなのか、ということを明らかにしなければ、推進というべきではないと思います。

■恐るべき為政者の論理

久間章生という政治家がいました。防衛庁長官を歴任し、防衛庁が防衛省に昇格したときに、初代の防衛大臣になった人です。この久間章生氏は、長崎に原爆が投下されたのは「しょうがない」といいましたが、犠牲の問題に関して、非常に強く印象づけられた発言があります。それは、「九〇人の国民を救うために、一〇人を犠牲にしなければならないとすれば、そういう判断はありうる」という発言です。これは、有事法制をめぐる議論の最中に「朝日新聞」で述べたものです。防衛大臣などをつとめた為政者がそのように考えているということです。つまり、一定の犠牲はやむをえない。必要悪だと考えているのではないでしょうか。

しかし、国民の一割といったら大変なことになります。一億三千万人の一割、千三百万人ということですね。かつての戦争、一九三一年の満州事変から一九四五年の敗戦までをとっても、自国民にはそんな死者はでていないわけです。もちろん、アジア全体に広げると大変な数になりますけれども。

このように発言するとき、久間氏当人は、自分たち為政者は救われる九割のほうに入っている、と思っているわけです。それなら八割を救うために、二割の犠牲もやむをえないと判断するのも、七割を救うためには三割を犠牲にしてもいい……ということで、かつての日本の為政者は「一億玉砕」と叫んだわけです。恐るべき論理です。

一割を犠牲にしてもいい、と考えているから長崎の原爆は仕方がなかったと思うのでしょう。沖縄戦だって、国体護持のための捨石だったと、あれでいいのだと思うのかもしれません。

■戦争絶滅請合法案

長谷川如是閑が雑誌『我等』一九二九年一月号でデンマークの陸軍大将フリッツ・ホルンがつくった法案を紹介して、〝与太話〟と断って丸山真男なども語っていますが、地球から戦争をなくすには各国に戦争絶滅請合法案をつくればいい、といっています。これは戦争が始まったら一〇時間以内に、次の順番で最前線に一兵卒として送り込むという法律で、第一に国家元首、ただし男子に限る、次に元首の男子親族、次に総理大臣・各国務大臣、次に次官、それから戦争に反対しなかった国会議員、戦争に反対しなかった宗教指導者。こういうふうにすれば、戦争をやって利益を上げようとする人たちは、自分たちがまっさきに犠牲になるわけですから、戦争を始められないだろうということです。軍需産業の経営者というのを入れておけば、もっと有効かもしれません。

まだ一度も成立したことのない法律ですけれども、これは戦争を始めるということを前提にして、戦争そのものは禁止しないで戦争をなくそうという発想なんですね。ここでは、誰が犠牲になるのかということをはっきりさせているわけです。

誰が犠牲になるのかをはっきりさせないで、原発推進を口にすることは無責任ではないか。もちろん、問題は誰を犠牲にするのかではなくて、犠牲のない社会、これをいかにつくるか、ということであるのはいうまでもありません。

歴史的に考えてみたいと思います。〝原発震災〟という言葉をつくって、3・11をある意味で予言したともいえる地震学者、石橋克彦さん、神戸大学の名誉教授の方ですが、石橋さんは「戦前・戦中の日本が軍国主義であったとすれば、戦後日本は原発主義であった」と喝破しておられます。

軍国主義も原発主義も膨大な国費を投入して推進された国策です。天皇の軍隊、神の国は負けないという不敗神話や、原発安全神話をつくりあげて、一切の異論を排除し、また「大本営発表」によって国民を欺き続けたあげく、破綻した。これらの点は実によく似ています。

私の言葉でいえば、軍国主義とはすなわち「靖国」という犠牲のシステムであり、原発主義とは原発という犠牲のシステムである、といえるのではないか。こう考えますと二〇一一年の3・11は、一九四五年の8・15に匹敵する意味を持つ、といってもいいかもしれません。

8・15が軍国主義とその犠牲のシステムが破綻した、敗戦の日であるとすれば、3・11は原発主義とその犠牲のシステムが破綻した、第二の敗戦の日である、と見ることができるかもしれません。

そうすると、３・11以後の日本の課題も明確になってくると思います。８・15のあとの失敗を繰り返さない、ということです。責任者の逃走を許さず、犠牲のシステムの延命を阻止する。それと同時に国民自身もそれぞれの責任を自覚して、犠牲なき社会の構築をめざす。これが、ポスト３・11の課題だと考えられるのではないでしょうか。

ここで考えたいのは、沖縄のことです。

■原発と沖縄――日本の根深い植民地主義的性格

一九四五年の敗戦に際して、沖縄が国体護持の捨石にされたということは、ご存知の通りです。この二〇一一年の第二の敗戦に際して、捨石にされようとしているのは、もしかしたら福島ではないか。私はこういう疑念を禁じることができません。しかし、ここで立てなければならないのは、次の問いでしょう。

すなわち、戦後日本の国体となった日米安保体制もまた、犠牲のシステムであり、そこで犠牲とされたのはまさに沖縄ではなかったか。日米安保体制が戦後日本の国体になったといっても、天皇制が象徴天皇制になったからといって、その国体的地位が失われたとは、私はまったく思っていません。ある意味では、象徴天皇制とともに、日本国家の国体的な地位を占めてきたのが日米安保体制ではないかということです。

一九四七年九月の昭和天皇の対米メッセージで、天皇が望んだとおり、戦後の沖縄は米軍の軍政下に置かれます。いわゆる「天皇メッセージ」*です。そして一九七二年の日本復帰後も、みなさんもよくご存知のとおり、今なお日本全土の〇・六パーセントの土地に、在日米軍基地の約七四%が押しつけられています。その押しつけの遣り口は、原発の地方への押しつけの遣り口となんと似ていることでしょうか。それは経済的利益と引き換えであるとされている。しかし、現実にはかえって、経済的自立にとってマイナスとなる。構造的差別を隠蔽するために、多くの意識工作、プロパガンダが行われるなど、両者に類似性があることは否定できないと思います。

＊文書は米国国立公文書館から収集したもので、一九四七年九月、米国による沖縄の軍事占領に関して、宮内庁御用掛の寺崎英成を通じてシーボルト連合国最高司令官政治顧問に伝えられた天皇の見解をまとめたメモ。内容は概ね以下の通り。(1)米国による琉球諸島の軍事占領の継続を望む。(2)(1)の占領は、日本の主権を残したままで長期租借によるべき。(3)(1)の手続は、米国と日本の二国間条約によるべき。メモによると、天皇は米国による沖縄占領は日米双方に利し、共産主義勢力の影響を懸念する日本国民の賛同も得られるなどとしている（沖縄県公文書館）。

いうまでもありませんが、両者には違いもあります。沖縄の米軍基地は銃剣とブルドーザーで建設された。そしてそのまま、米軍は居座り続けた。それに対して、原発のほうは一応、自治体からの誘致を前提とする。そういう違いも当然あります。しかし、それを踏まえたうえで、両者の類似点を考えていくと、そこに浮かび上がってくるのは、先ほどもいいました、一種の植民地主義ではないか、そういう思いを禁じえません。

戦後の日本国家は、その中心と周縁との間に、ひとつには米軍基地の押しつけというかたちで、もうひとつには原発の地方への集中立地というかたちで、植民地主義的な支配と被支配の関係を構築してきたといえるのではないか。誤解しないでいただきたいのですが、私はこのようにいうからといって、戦後日本で、東京と福島の関係、ヤマトと沖縄の関係、そして、旧日本帝国において日本と朝鮮・台湾等との関係、これらが同じである、植民地主義という意味で同じであるというのでは、まったくありません。

福島は沖縄に対してはヤマトの一部として、朝鮮・台湾に対しては日本の一部として、侵略したり支配する側にあったことはもちろんですし、沖縄でさえ、朝鮮や台湾に対しては、日本の一部として侵略したり支配したりする側に置かれた、ということがあります。

植民地主義といっても、質的な違いがあるわけですが、それでも私があえてその言葉を使いたいのは、日本の国家の植民地主義的な性格がいかに根深いかということを強調したいからです。戦後日本国家において、植民地主義が、靖国という犠牲のシステムを未清算というかたちで、原発という犠牲のシステムを国策とするというかたちで、さらに沖縄を犠牲とする日米安保体制というシステムとして生き残ってきたのではないかと考えます。

日米安保をこのように見るならば、当然、米軍が持ち込む核の問題を想起する必要があります。核の持ち込みといえば、なによりも核兵器の持ち込みですが、ここでは原発との関連に限って、原子炉の持ち込みについてふれておきたいと思います。

ご覧になった方も多いと思いますが、二〇一一年八月一四日の「朝日新聞」の朝刊一面に、一九五五年から五六年にかけて沖縄に原発を建設する構想が米国民政府内にあった、という記事が掲載されました。モーア米国民政府副長官が、米国の極東部の最高責任者であったレムニッツァー民政長官に提言して、プライス下院議員を介し、米国政府に検討を求めた。しかし、国務省と国防総省が検討した結果、退けられたというのです。

日本で唯一、原発を持たない沖縄電力も、日本原子力発電に社員を派遣して、小型原子力発電所の装置を研究しているそうです。じつは、原発がなくても、沖縄がたえず原子炉からの放射能汚染の脅威にさらされてきたということも明らかです。日本復帰以降、沖縄には米軍の原子力潜水艦がすでに四〇〇回以上も寄港している。

そして、米軍の原子力艦船の寄港となれば、沖縄だけの問題ではなくなってきます。米海軍の横須賀基地で原子力空母の原子炉の冷却装置が故障し、メルトダウンを起こして、格納容器が破裂し放射性物質が放出された場合、風向きによっては、三浦半島、神奈川県、東京都、そして房総半島の大半に甚大な被害が引き起こされる。三浦半島で年間をとおして最も多い南南東の風を想定すると、東京が直撃されて一二〇万から一六〇万人がガンで死亡する。これは、原子力資料情報室が行った予測です。

横須賀には現在、二つの原子炉を持つ、原子力空母「ジョージ・ワシントン」が配備されています。これは、横須賀に原発があるということと同じではないでしょうか。アメリカやイギリスの原子力潜水艦もあわやメルトダウンという事故をすでに起こしているわけです。

■核武装の野心を抱く政治家たち

最後に、もう一点、福島原発事故という大惨事を引き起こしながら、それでもまだ脱原発への転換をなしえない日本国家の要因として、核兵器開発の技術的可能性を確保しておきたいという政治勢力の野望があるのではないかと、私は考えます。戦後日本に原発を導入した政治家、中曽根康弘氏がヒロシマの原爆雲を遠望したときに、「これからは、原子力の時代だと思った」と回想しているのは、象徴的です。戦後歴代の政権と日本政府が、憲法上自衛のための核兵器の保有が禁じられていないという見解をとってきたことも忘れることはできません。

最近、安倍晋三元首相をはじめとして、森喜朗、羽田孜、鳩山由紀雄といった総理大臣経験者が参加して、地下式原発議連というものが発足しました。福島の事故があって、地上や湾岸にはもうつくれないので、地下に巨大な穴を掘ってそこに原発をつくってしまおう、そうすれば事故があっても大丈夫じゃないか、と想像しているのだと思います。私は、こういった人たちの動きは、日本の政治権力が原発をなんとしても維持して、核武装の可能性を確保しようという野心の表れではないのか、と疑ってしまいます。広島、長崎、福島のあとで、核武装の可能性も含め、核武装ということを認めるわけには到底いかない、と私は考えています。

私からの問題提起は以上とさせていただいて、脱原発に向けた、具体的なお話は小泉さんに委ねたいと思います。

【問題提起】

福島原発事故は私たちに何を知らせているか

■小泉好延

市民エネルギー研究所の小泉好延です。

今、高橋哲哉さんが犠牲のシステムのお話をされました。私がふだん考えていることと違った観点でお話しされて、ある種の興奮を覚えました。

この会の初めに柴田廸春（市民文化フォーラム事務局長）さんが、一九五五年に東京・日比谷公園で行われた「原子力平和利用博覧会」のお話をされていました。私はそのとき高校生で、理科の授業時間中に先生からいわれて出かけていったことを覚えています。

当時、原子力というのは原爆のマイナスイメージに対して、プラスイメージのものだと思って、目を輝かせていました。そのことが長い時間のあいだに自分のなかに蓄積されていって、やがて仕事として原子力にかかわることになりました。五〇年代頃から謳われてきた「原子力の平和利用」という言葉に騙されたのだろうと考えています。

私は昭和一四年、一九三九年に東京・新宿で生まれました。当時はわかりませんでしたが、今、あらためてその時代がいかに大変な時代であったかを深く認識しています。一九四五年の敗戦のときに、一つの価値観が変わるという大転換がありましたが、それから約七〇年たった今、同じような転換、3・11という文明の転換点に立っているのではないか、と感じております。

■原発推進者たちは、〈隠す〉〈安全という〉〈時間を稼ぐ〉

福島第一原発の事故が起きてから、日本の原子力推進派の人たち、あるいは為政者たちが行ったことを私なりに考えてみました。まず彼らは「事実を隠す」ということです。でも完全に、隠すことができませんでした。

震災が起こって、そして「どうやら福島の原子力発電所がおかしい」ことがわかってきて、報道されるようになりました。今考えたら、政府は切れ端のような事実をほんの少し見せるだけで、実態の大部分を隠していました。

私は一〇年前から自宅にいるようになりましたから、フリーな立場で、報道や政府官邸のホームページの情報や報告などをチェックし、資料をダウンロードしたり、あるいはテレビを録画したりして事実の断片を繋ぎ合わせようとしてきました。

ところが、どう繋いでも理解しがたいことが次から次へと出てくるのです。一般の人は、事故の大部分のことは報道されていると思われるでしょうけれども、原子力にかかわってきた人間としては、とんでもないことをやっているということが嗅ぎとれたわけです。

電力会社も政府も五月後半になって、それまでに発表された事実と違う内容を、平然と「これもありました、じつはこういうこともありました、これを出すのを忘れていました……」と出してきました。いまだに多くのことが隠されていますが、政府からＩＡＥＡ（International Atomic Energy Agency）に提出された報告書を見ても、相当の事実がまだ隠されている、あるいは、きちんと展開されていないということがわかります。

原発推進派たちは次に、「とりあえず〈安全〉」といいました。マスコミに登場する専門家のなかには、原子力といっても非常に細分化された分野の専門家であって、おそらく実態についてよくわかっていない人たちがいます。しかし、とりあえず何か発言をするようにとでもいわれているのでしょうか。専門家だけではなく、テレビの解説者、新聞報道もそうですが、実態がわからないのに、ほとんど同じ論調で事実を「安全」という言葉で表現しています。

被曝についても、「安全」という言葉の前後に「但し今は」とか「今後」とか、必ず枕詞をつけて話す人がいます。これは、「原発の被曝による症状とは急性症状だけであって、今すぐ広島の原爆による被爆のように放射線の熱線を受けて死ぬというわけではない」、あるいは、「急性被曝を受けて、内臓や、皮膚がおかしくなって一週間後に死ぬというわけではない」、「JCOの作業員のように、どんなに手をつくしても、数十日、あるいは三カ月後に死にいたるというわけではない」、こうはならないというだけで「安全」といっているのです。

放射性物質は目に見えません。放射線の汚染がどれだけあるかということは、測らないとわからない。桁が違うほどのものすごい量でも、微量なものでも、目に見えないから測定器がないとわからないのです。

ですから、急性症状と晩発性障害との区別をしないで説明するというのはどだい無理な話です。そして、急性症状はありませんといいながら、一方では、晩発性症状を、将来に問題視されたら困るという前提で「但し」と但し書きをつけるわけです。それで、後になって追及されても、逃れられるというわけです。

体外被曝は、空間線量に依存します。たとえば今日（二〇一一年八月一五日）は東京で、毎時約

０・０５マイクロシーベルトです。数値が毎日のように新聞に出ています。これは何を意味しているのでしょうか。これはそれぞれの地域で、その空間にいたらこれだけ被曝しますよ、という数値を一時間当たりで出しているわけです。そういうことを外部被曝といいます。けれども、放射性物質を身体のなかに取り込んだ、内部被曝の話は報道されません。内部被曝も、外部被曝と同じように測らないとわかりませんが、測らないとわからないことは政府もマスコミもいわないのです。被曝には、急性症状か晩発性症状、体外被曝か体内被曝ということがありますが、急性被曝だけをいうことによって、事実を隠蔽し続けてきたわけです。

そして、原発推進者たちは「時間を稼ぐ」ということです。どうして「安全」といえるのでしょうか。先ほど申し上げましたとおり、「原子力の専門家」といっても、原子力に関するすべてのことを理解している専門家はいません。原子力の核分裂から、牛のえさの放射能汚染、あるいは森林がどれだけ放射能で汚染され、それが数十年たっても依然として続いていくことなど、すべてを理解して、皆さんの前で説明できる人はいません。もしいるとすれば、京都大学原子力研究所で発言をしている小出裕章さんだけだろうと思います。

原子力について知っていることは、細分化されたほんの一部のことなのに、「とりあえず安全」というためにテレビや新聞に出てくる彼らは、いったい何者か。テレビで毎日繰り返される「安全宣言」は、テレビのスイッチを切らずにはいられないほど酷い。胃潰瘍になるほどです。

六歳のとき、疎開先の新潟で迎えた終戦のときのことを思い出しました。東京から持ち込んだラジオを聞いていたら近所の人が寄ってきました。大人たちは涙を流したり、ほっとした表情をしたりしているのを見ました。子供たちは暑さのなかで何がなんだかわからずにラジオを聴いていました。

戦時中は軍部独裁という体制でしたが、今の状況はそのもののように感じます。この報道体制と原子力村体制を見たときに、まるで恐ろしい独裁国家が裏で動いているかのように感じられたわけです。

この恐ろしさは、私にずっとついてまわっています。原子力村の中心メンバーは、東京電力を中心とした電力会社、行政庁の原子力保安院、安全委員会、原子力委員会などです。そして、次に政府官邸ですが、政治にすべてをまかせろといって、政権交代した人たちです。その政治家たちは、原子力のことをわかっていないのに、GDPの拡大といったりしながら、なんとか原発を現状維持したい、ということを前提として考えているわけです。ですから、この人たちもある意味で村の一員なのです。

原子力推進の御用学者の人たちも、村の構成員です。新聞やテレビに登場する学者が、変な発言をしているな、と思ったらインターネットで検索してみてください。どういう人か、すぐにわかります。原子力の推進体制の電力会社や、原子力全体の様々な組織の理事、会長、あるいは主要なメンバーなどを兼務している人がほとんどです。同じく、財界人も「原子力ルネッサンス」と称して、日本では原子力を増設できないから東南アジアなどの海外へ輸出する、そうして犠牲のシステムをまた押しつけようとする原子力村の一員です。

テレビも新聞も週刊誌も、大部分のマスメディアは、事故のあった三月から五月にかけての報道について自らの姿勢を批判することはありません。自分たちの不勉強を、専門家と称する人たちを続々と登場させることによってしのいできた、あるいはキャンペーンを張ってきました。それについてまったく自己批判せずに、平然と「脱原発は〜」とか「原発は問題だ〜」と刷り替えています。この行為はまさに、戦中の軍部独裁を支えたマスコミが、戦後は一億総懺悔といいながら巧みに刷り替わっていった姿を見る思いがします。

■住民は原発災害を想定してきた

一九七〇年代、過酷事故は仮想事故、技術的見地からは起こるとは考えられない事故といいました。今、日本にある五四基の原発、それを抱える地域では、住民が原子力の設置に反対する、いわゆる住民訴訟をやってまいりました。これは一九七〇年から始まって、今現在も続いているところがあります。

それに対する裁判は、地方裁判所、高等裁判所、最高裁判所であれ、住民の敗訴を申し渡してきました。それは何かといいますと、このような福島第一原発のような事故は、絶対に起こりえない、起こりえないけれど計算だけは一部する、というまことにあやしげな論理を使って、平然と裁判所は住民の敗訴を言い渡してきたのです。私は原子力を批判していた住民、そして原子力の研究にかかわる一部の人たちとこの問題に取り組んできましたけれども、日本の一万分の一くらいの人しか、批判しないのです。その地域の人たちに全部押しつけて、「原子力はいいものだ」とキャンペーンを張り、電気が必要なんだ、つまり原子力が必要なんだ、さらにそれを拡大していくんだ、という乱暴な論理を平然と押し通してきたわけです。福島の過酷事故が起きても原子力を推進した人たちは何も変わっていません。

これまでの住民裁判のなかで、このような過酷事故の可能性について一九六〇年代の末からいわれてきましたし、世界ではもう常識で、さんざん議論されてきました。東海第二発電所の裁判に、一九八六年に山で遭難して亡くなられた水戸巌さんと一緒に私もかかわって、住民の側にたった発言を繰り返してきました。そのなかで、このような大停電、あるいは送電不可、または海水冷却ができなくなったらどうなるか、という福島第一のような事態について発言してきました。さらに風向きが内陸方面に向いた気象条件であれば、事態はさらに厳しくなるということも指摘してきましたけれども、裁判ではにべもありませんでした。裁判は、過酷事故は起こるけれども、空想的な仮想的な事故であるといって、万人シーベルトという集団線量の数値を参考程度に計算をしました。

集団線量の計算の仕方というのは、人間がいない所、たとえば北極で原子炉をつくって事故が起きた場合、北極だけで汚染が収まってしまえば、〇（ゼロ）万人シーベルトということになります。福島の場合はどうなるか、東京で起こればどうなるか。それが、万人シーベルトという単位です。このような単位を使うことによって、今起きている事故の判断を封じ込めてきました。

■電源喪失は、原発の機能が失われること

福島第一原発の敷地内についてお話しします。

地震による津波で、福島第一原発は全電源を失いました。交流電源を喪失しても、非常用電源

が三基あります。そのうちの二基が動かなかったら何が起こるか、というシミュレーションは新潟柏崎でも行われていて、ある程度は想定されています。今回のように電源が全部なくなる、つまり原発周辺の放射線の連続測定モニターからはまったくデータがとれない、原子炉の圧力や格納容器の内部で起きていることもわからない……そのような事態になった場合どういうことになるのかも、ある程度、想定されています。それは、きわめて短い時間の間に原子炉が溶解するということです。

三月一一日、私は電車のなかに閉じ込められ、東京に泊まり、翌日ようやく家にたどりつけました。その間に、私は福島第一のことを聞きました。福島第一で起きていることを考えていると、このシナリオがわかってしまい、身の震えを感じました。その後、じつは電源がない、ということを電話で聞きました。「電源車が行っているのではないですか」と訊ねると、「電源車は来ているらしいけれども、電気がつながらないようだ」と。つまり長時間、電源がなくなるわけです。これは絶望的です。その結果、次々と三基の原子炉が溶解し、燃料の鞘であります金属のジルコニウムが水と反応して水素を大量発生させて、爆発を起こしました。その前に、爆発を防ぐために行われるのがベント（廃棄）です。

ベントは、一九七〇年から八〇年代に起きたスリーマイル島原発事故、チェルノブイリ原発事

故を境にして、原子炉建屋につけられるようになった非常時の廃棄です。原子炉が水素爆発によ
る完全破壊をまぬがれるために、大量に放射能を含んだ水素をベントから排出し、一二〇メート
ルの高さの煙突から捨てる。煙突から出た放射能は、風にのって広がります。福島県、気象条件
によっては関東全域に汚染を引き起こします。

日本を除く大部分の国では、ベントの際に放射能の排出をなるべく少なくするためにフィルタ
ーを通して排気しています。日本では、重大事故は起きないとされているので、フィルターを通
さずに煙突から大気中へどんどん捨ててしまう構造です。格納容器が壊れるか、それを壊さない
ために排気して広域に放射能を撒くか、このどちらかです。その状況は、核燃料がメルトダウン
して、メルトスルーするという、人間の手では止められなくなった場合のことなのです。原発で
電源を喪失したと聞いてから、走馬灯のようにそういう事態への悪い予感が頭をめぐりました。

■福島原発で何が起こったのか

福島第一原発の敷地内にある一二〇メートルの煙突には、入口と出口に放射線の測定器がつい
ていて、放射能の排出量がわかるようになっています。また敷地の境界には法律によって設置を

定められた放射線の連続測定モニターが八基あります（図2参照）。私は当初、そういうデータを取り込んでいけば、その周辺についてはなんとか具体的な数値が判断できるだろうと思いました。しかし、地震で現場は大混乱、すべての電源がだめになり、制御室は真っ暗です。

最近発売になった週刊誌で、実態が徐々に明らかになってきています。まさに、全部の電源がなくなったのですから、原子炉の内部状況がわからない。わからないのに、制御室であれせいこれせい、といわれたって真っ暗け。携帯電話の明りでかろうじて見るようなことをしている人たちが、最後にやった作業が――笑い話ではありません――車のバッテリーをはずして持ってきた。こういうもので、点のようなデータをかろうじてとっていました。そして内部状況を推論していたのです。

たとえば、「週刊朝日」（二〇一一年）七月二二日号では、「『津波がくるらしい』という話が入り、とにかく避難が優先だと施設内に放送を流し、情報収集しているうちに津波が襲ってきた。これで街灯やトイレなど地震後もかろうじて通じていた一部の電源もほぼ通じなくなった。完全にブラックアウト（停電）です」。原発が爆発する、と内部の人はもう覚悟していた。そして、車のバッテリーを外し、携帯電話の明りで確認する。やっと今頃述べられているわけですが、内部の人から状況が明らかになるにつれて、原発にかかわってきた私には何が起きているのかある程度

図1　圧力容器のなかでメルトダウンした燃料

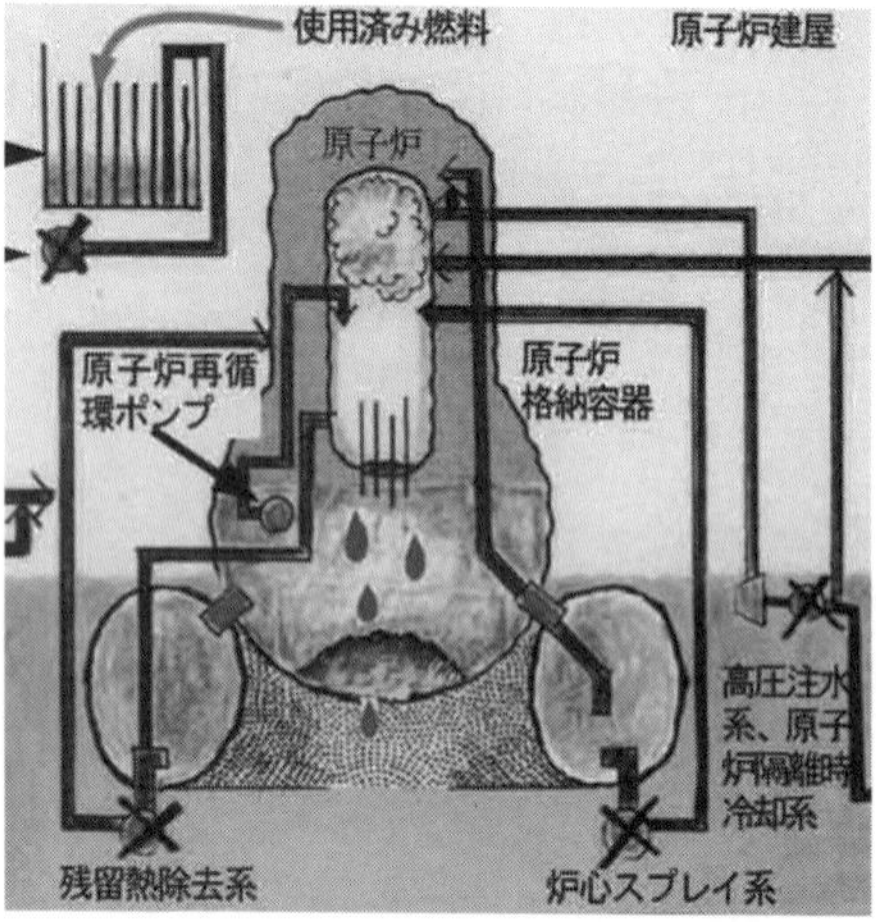

（パンフレット『え？ほんと？？』福島原発廃炉で未来をひらこう会）

は想定できましたし、このことは想定できたことだと思います。

そして、三月一二日、一四日、一五日に、一号機、三号機、二号機で炉心溶融、水素爆発が起き、四号機でも一五日に水素爆発、使用済み燃料プールで火災が起き、ウラン燃料が破壊したことはみなさんご存知のとおりです。一一日に地震が起きて短時間の間に、一号機は冷却能力を失って、炉心の溶融が始まっていたらしい、という話もあります。さらに一二日の水素爆発の前に、メルトスルーが起こっていたかもしれないともいわれています。

水素爆発した後の建物の構造は、様々なメディアで写真が掲載されています。燃料の写真はありませんので、市民が作成したパンフレットから引用しました（図1）。燃料は溶融し、圧力容器の底部に溜まるメルトダウンが起きています。

沸騰水型は制御棒がたくさん入っています。下部は制御棒の羅列状態です。ここに溶けた燃料が落ちてくるわけです。そこから抜けて格納容器に溜まるとメルトスルーが起こります。

ベントは膨大な放射能を排気するというお話をしました。ベントが良いか悪いかという問題は大きな論争になると思います。また、ベントをすることによって格納容器を救うのであれば、どういう設備が必要なのか話しあう必要があります。今も国内で何基かは稼働しているわけです。あるいはこれから定期検査に入るわけですが、それに対応しないと似たようなことが起こります。

一二〇メートルの排気口は、「煙の出ない煙突」と地元の住民にいわれてきました。原子炉建屋から太い管がのびて排気塔を通って上から棄てられますが、最近になってこの太い配管の脇に固まったような放射性物質が大量にあることがわかりました。そこから数メータ離れた所に一、二時間いるだけで、急性症状を起こすような濃度です。排気口の入口と出口からどれくらい放出されたかという記録データが一切ありませんので、放射性物質がどれほど溜まっているのかまったくわかりません。

■福島第一の敷地の測定データについて

図2は福島第一の敷地図です。北から南に向かって、原発を中心に八基のモニターがついてい

図2　福島第一原発敷地内モニタリングポスト配置図

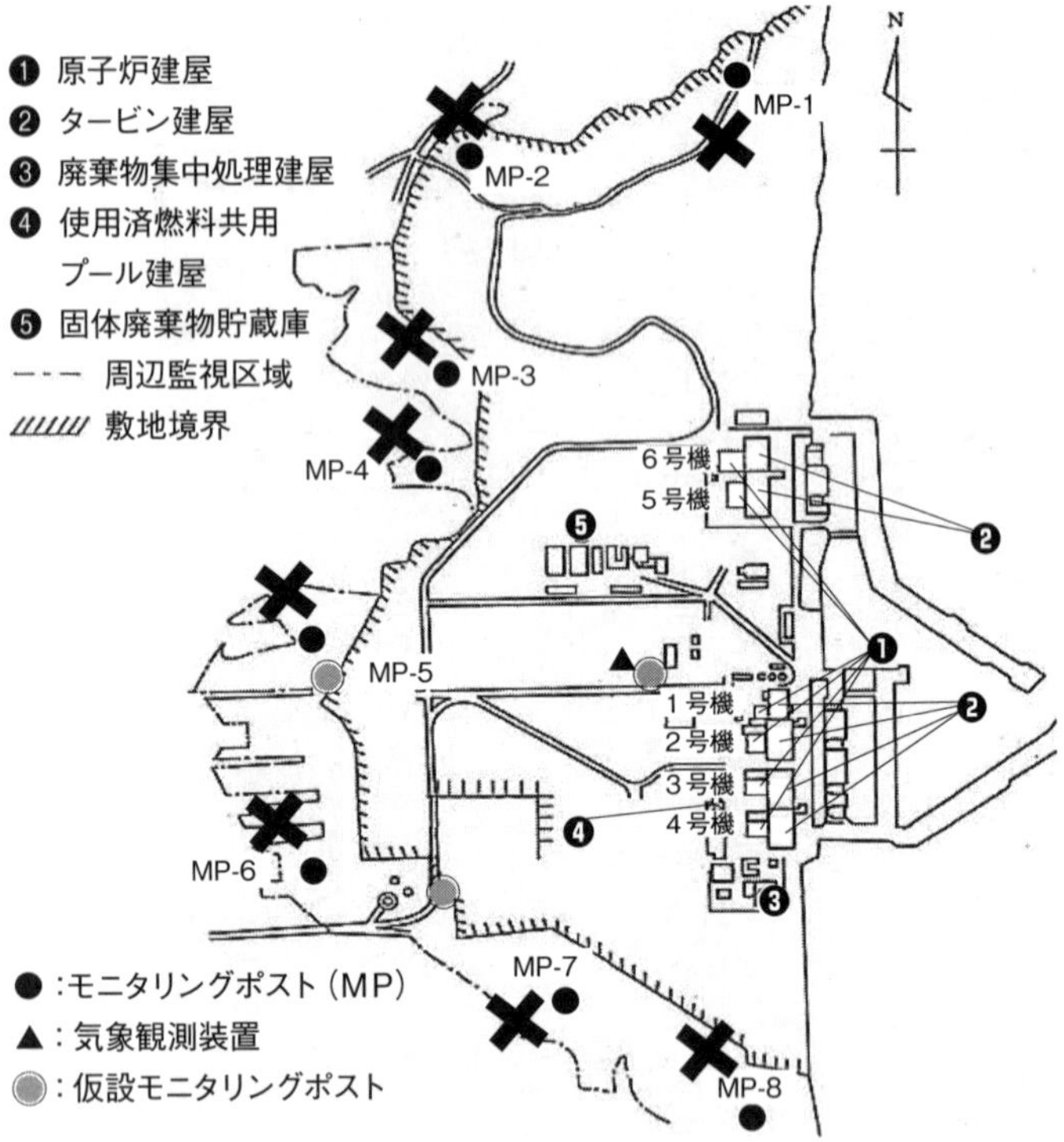

ます。私が×印をつけましたが、八基のモニターはすべて電源がなくなりデータがとれなかったのです。ちなみに海には放射線のモニターはついていません。だから海に流れた分はまったくわかりません。

電源がなくなりデータがとれないのに、データは出てきています。断片的なデータです。当初は私も騙されていました。報道の人たちはこれが何を意味するのか、多分わかっていないのだと思います。

福島第一正門のモニターのデータ、これは正確にいうと正門のモニター「付近」のデータです。ニュースではモニター2付近とか、3付近、と表記されています。最初はよくわからなくて、どうして「付近」なんて言葉を使うのだろうと疑問に思っていたのです。そうしたら、モニター付近で、所員が携帯型の測定器を持って点のようなデータを測定し、記録をとっていたのです。

こういうものはデータになりません。連続測定モニターは、二四時間、放射能がどれだけ出ているのか記録をとることが義務づけられていて、このような事故のときに放射能の放出量の全体を知るために重要なデータとなります。風向きが西に向かったら福島市内の人は厳しい、北西に向かったら飯館村のほうだ、というように放射能が広がる方向を知るためのデータです。測定したら短時間で情報をどんどん出すことになっています。内陸に向かって放射能がどれくらい飛んでいるか、時々刻々と知らせる装置です。

しかし、測定できないので急遽、モニタリング車両という放射線の測定車を出しています。図2の中央附近です。通常は八地点、一八〇度を測るのに対して、今のモニター車は点のデータですから、北のほうも西のほうもよくわからない。やや南、というところだけがわかる。そのデータをグラフにしたものは、あちらこちらで引用されています。専門家やテレビの解説員等は、誰

図３　福島第一原発敷地境界の線量率〈3月12日～16日〉

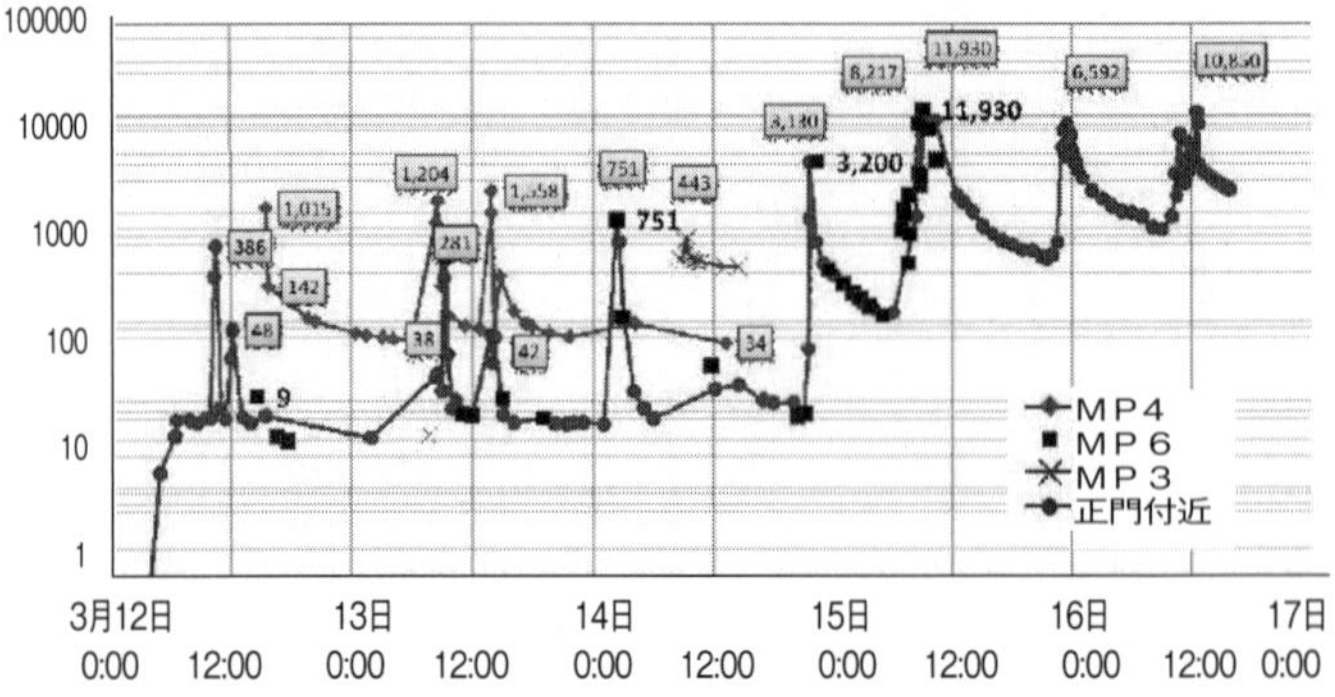

注１・単位はμSv/hr（マイクロシーベルト／時間）。
注２・数値はMP-1～8による連続データではない。
（市民エネルギー研究所作成）

かがつくったものをコピーして出して、それを見せながら、たとえば一二日のピーク時に一号機が水素爆発を起こした、と説明しています。

グラフのデータをプロットしてみますと、図３のようになります。この丸い点は実測データで、それがない時間は、仕方がないから線で結びました。つまり、その間はデータはないのです。

ではデータのない間、モニター車はどこにいたかというと、免震棟にいる所員が被曝したら大変だからといって、そちらへ出かけてしまっていたわけです。したがって、放射能の放出量を把握するためのまともなデータがありません。一二日の一二時過ぎからは、やがて点のようなデータが出てきます。三月一四日までのデータを線で結びましたけれども、線の部分はデータはありません。

図3のように書きますと、データが変化しているように見えますが三月一四日、一二時少し前にMP3には点のようなデータがついています。点線（正門附近）に比べて二桁ぐらい数字が違います。そちらの方向に放射能が大量に出たよ、ということを示すのであって、これも連続データではありません。

このようなデータに私自身も騙されていました。ほとんどの方がこのデータで全体を説明しようとしていましたが、どだい無理な話です。

連続測定モニターのデータは連続した八本のデータが出てはじめて、気象条件と合わせながら、どれだけ放出してどの地域へ流れていくのか、この地域の住民はヨウ素剤を飲まなくてはいけない、あるいは、ある地域の人たちは避難をしなくてはいけない……ということがわかるわけです。

三月一五日に出された放射能は、東京都のダストデータが示しています（図4）。一五日の午後一一時半頃に鋭いピークになって、関東全域を襲っています。各県でデータが全部出されていれば、ある程度放射能の汚染地域がわかるのですが。

同じ日に京都大学の小出裕章さんが、同様なデータを測定されていました（図5）。ヨウ素131と、それ以外にも今問題になっているセシウム134と137、またテルル132、ヨウ素133、132とか、少し聞き慣れないような放射性物質が飛来しました。

図4　東京都ダストデータ〈2011年3月15日〉

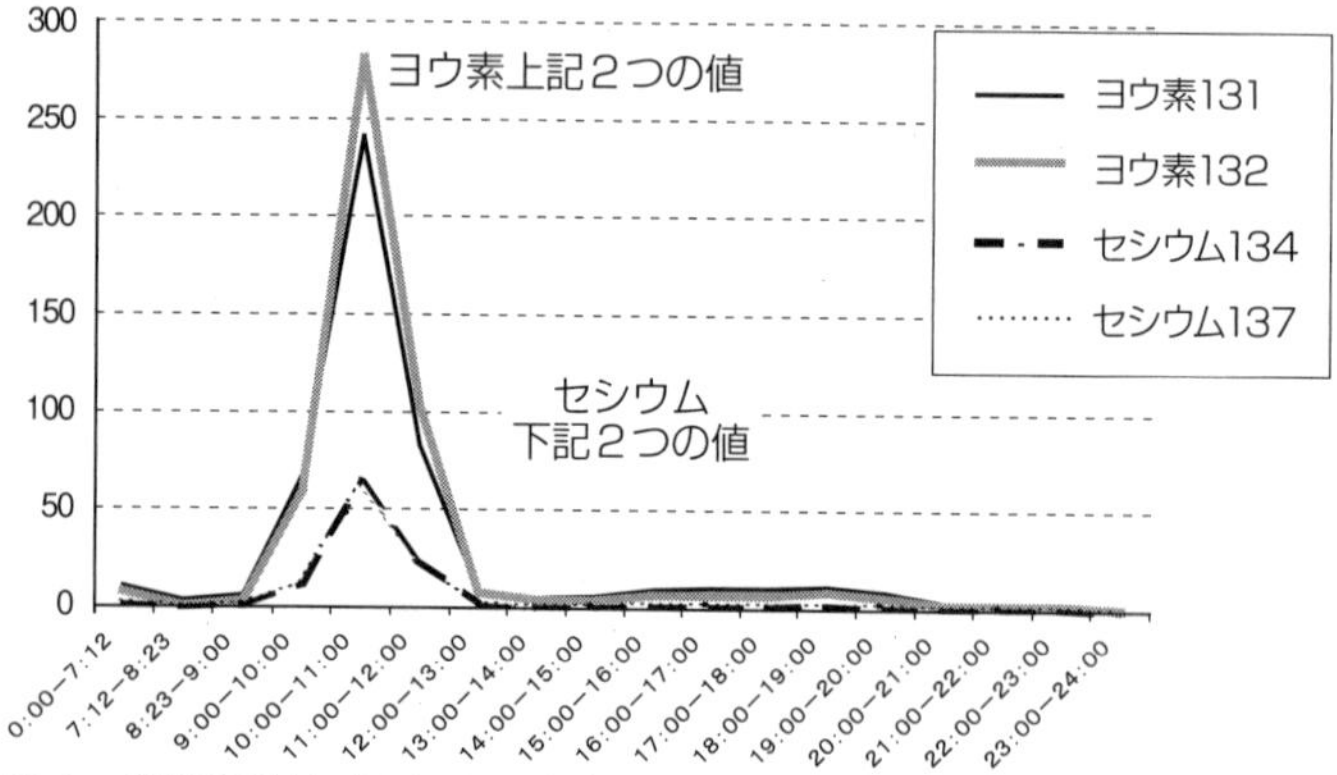

注1・濃度単位はベクレル／立方メートル（Bq/m3）。
注2・測定地は世田谷区深沢。
（東京都産業労働局「都内における大気浮遊塵中の核反応生成物の測定結果について」のデータより市民エネルギー研究所作成）

図5　東京都ダスト測定〈2011年3月15日、11時〜12時〉

放射能の種類	大気中放射能濃度「（ベクレル）／（立方メートル）」	被曝量 マイクロシーベルト 実効線量 （マイクロシーベルト）／3時間
I − 131（ヨウ素 131）	720	16.3
I − 132（ヨウ素 132）	450	0.1
I − 133（ヨウ素 133）	20	0.075
Te − 132（テルル 132）	570	3
Cs − 134（セシウム 134）	110	3.5
Cs − 136（セシウム 136）	21	0.11
Cs − 137（セシウム 137）	130	2.87
小　計		26.3（マイクロシーベルト／3時間）

（京都大学小出裕章ダスト測定結果より引用）

日本では文部科学省が、スピーディ（ＳＰＥＥＤＩ：緊急時迅速放射能影響予測ネットワークシステム）というシミュレーションデータを出すことになっているのですが、停電を理由にデータを出しません。五月の半ばになってようやく出すのですが、二カ月もたってからデータを出すというのは、明らかに意図的なものだと思います。

ノルウェーのマクロのシミュレーションデータを見てみます。図6は、日本国内で一体どうなったかということを示すデータではありません。むしろ、アメリカ大陸、あるいはヨーロッパがどうであるか、ということを示すためのデータでしょう。

図7は一五日です。西高東低ですから、ほとんどが太平洋に流れています。おもに一五日に、福島から関東一帯の大汚染の原因をつくったわけです。これはマクロのデータですから、詳細には、どの地域がどれくらい汚染されたかということはいえません。しかし、図6、7の映像を見れば、関東全域を襲っていることがわかります。

図8も、航空機を飛ばして福島県内の汚染状態を示したものです。汚染状態がある程度わかります。

あと、除染についてですが、二〇キロ圏内のところを除いてはなんとか除染でしのごうとしていますが、広域にわたる山林と農地の除染は不可能だと思います。除染が威力を発揮するのは、

図6　福島原発災害 3 月 15 日・セシウム - 137 の分布

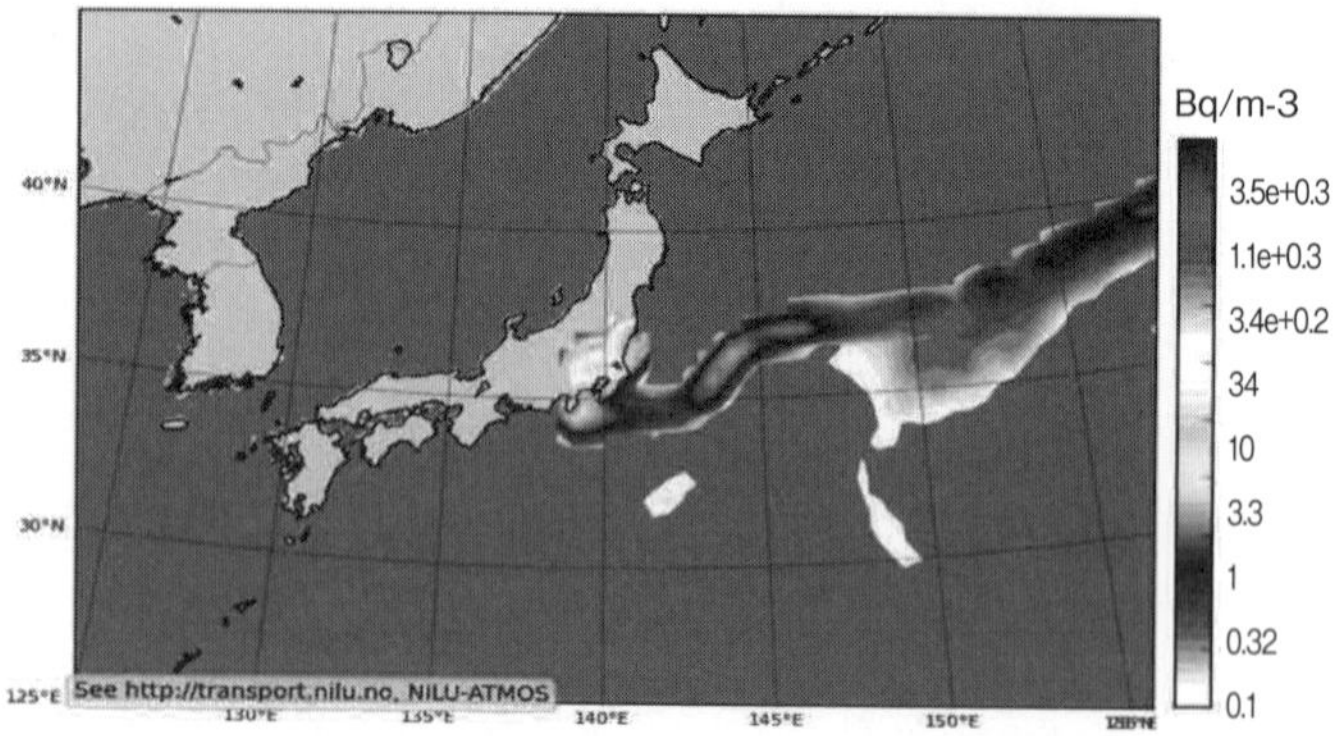

（ノルウェーシミュレーション「FUKUSHIMA Potential Releases : Cs-137, from 0 to 100.0 m.a.s.l. Analysis : 2011-03-24 09:00:00, Data : 2011-03-15 03:00:00」）

図7　福島原発災害 3 月 15 日・キセノン - 133 の分布

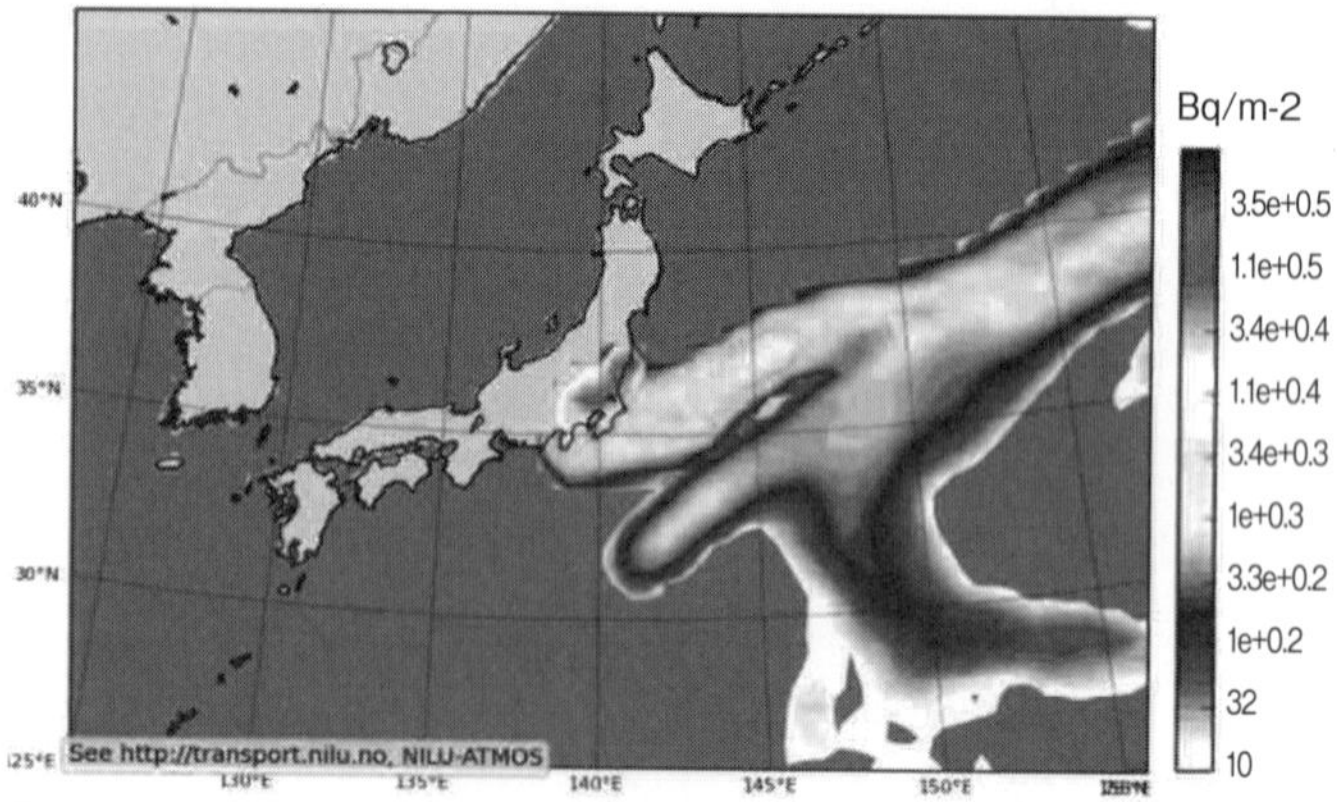

（ノルウェーシミュレーション「FUKUSHIMA Potential Releases : Xe-133, Total Column, Analysis : 2011-03-24 09:00:00, Data : 2011-03-15　03:00:00」）

図8　福島県内の放射性物質セシウム 134、137 の沈着量

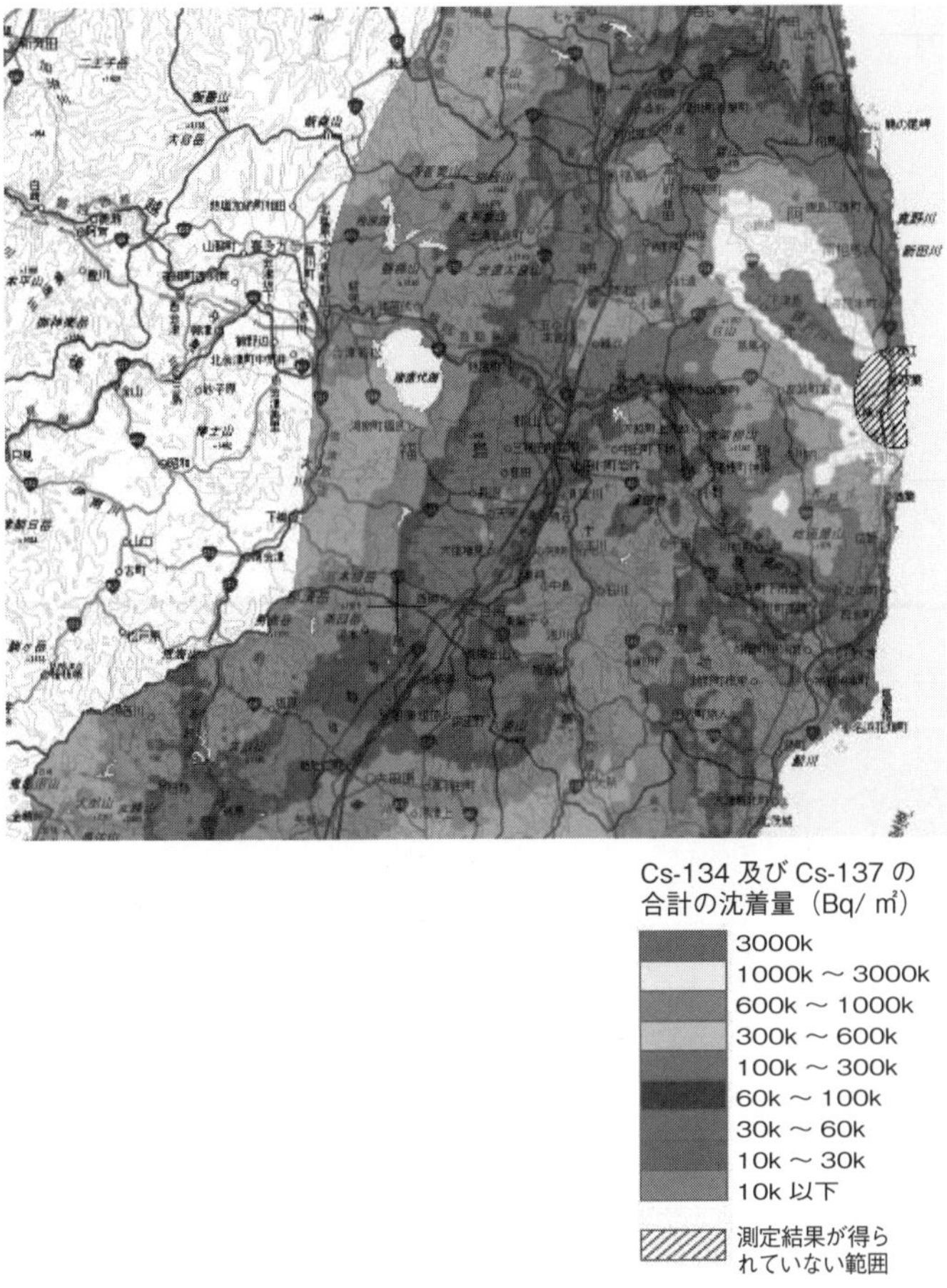

＊ 10k Bq ＝ 1 万 Bq

（文部科学省放射線量等分布マップ拡大サイト / 電子国土「航空機モニタリング結果／ 2011 年7月 16 日時点の値に換算〈セシウム 134+ セシウム 137 の合計〉」）

各個人の自宅とその庭、あるいは公共地、公園や学校などです。そういったところの除染作業は意味があると思いますが、それ以外の大部分の土地は除染ができないだろうと思います。

■松葉でわかる、全国の汚染

図9と10は京都大学の河野益近さんが、各都道府県の松葉を集めて放射能の測定をし、その結果を示したものです。詳細なデータを見るためではなく、県別に、いったい日本のなかのどこでどんなことが起こっているのかを示す目的のものです。インターネットでご覧になれますので、見てください。

今、牛のエサとされていた藁の汚染が問題になっています。しかし、冬場に東北や関東で干されるのは、藁だけではありません。色々なものが干されていたはずです。乾燥すると放射能の濃度はもとの重量の約一〇倍程高い濃度になります。私たちは松葉は食べませんけれども、松葉に類するような植物、あるいは野菜には藁と同じことが起きているということになります。

＊

四月一〇日（二〇一一年）に高円寺で、若い人たちがツイッターなどで呼びかけあって、一万五〇〇〇人の大集会がありました。しかし、テレビも新聞もほとんど報道しませんでした。このような若い人たちの行動をほとんど報道しないというのはいったいどういうことなのか。この時代の報道の姿勢を表わしています。私たちは危ない状況に置かれているのではないか、とい

図9　松葉全国汚染分布・セシウム〈3月15日換算〉

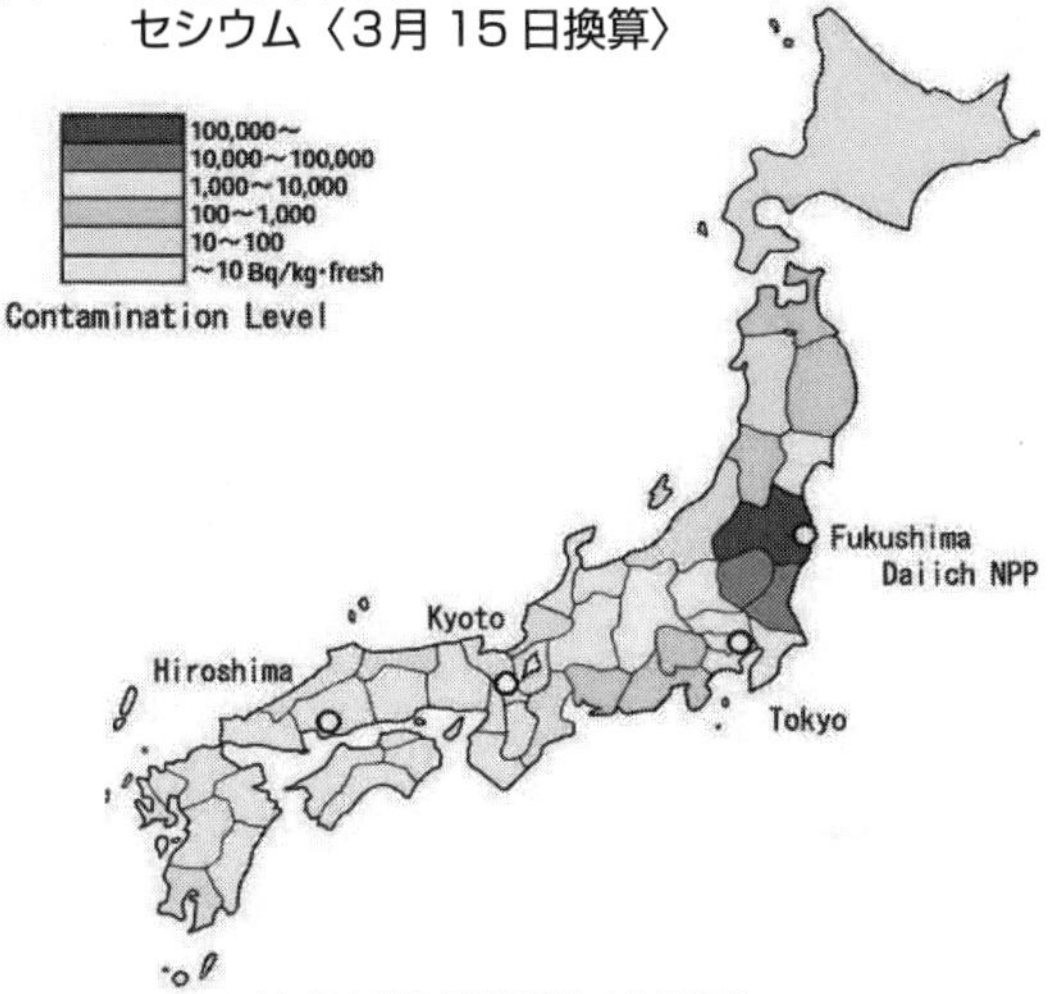

（京都大学河野益近他より引用）

図10　松葉全国汚染分布・ヨウ素〈3月15日換算〉

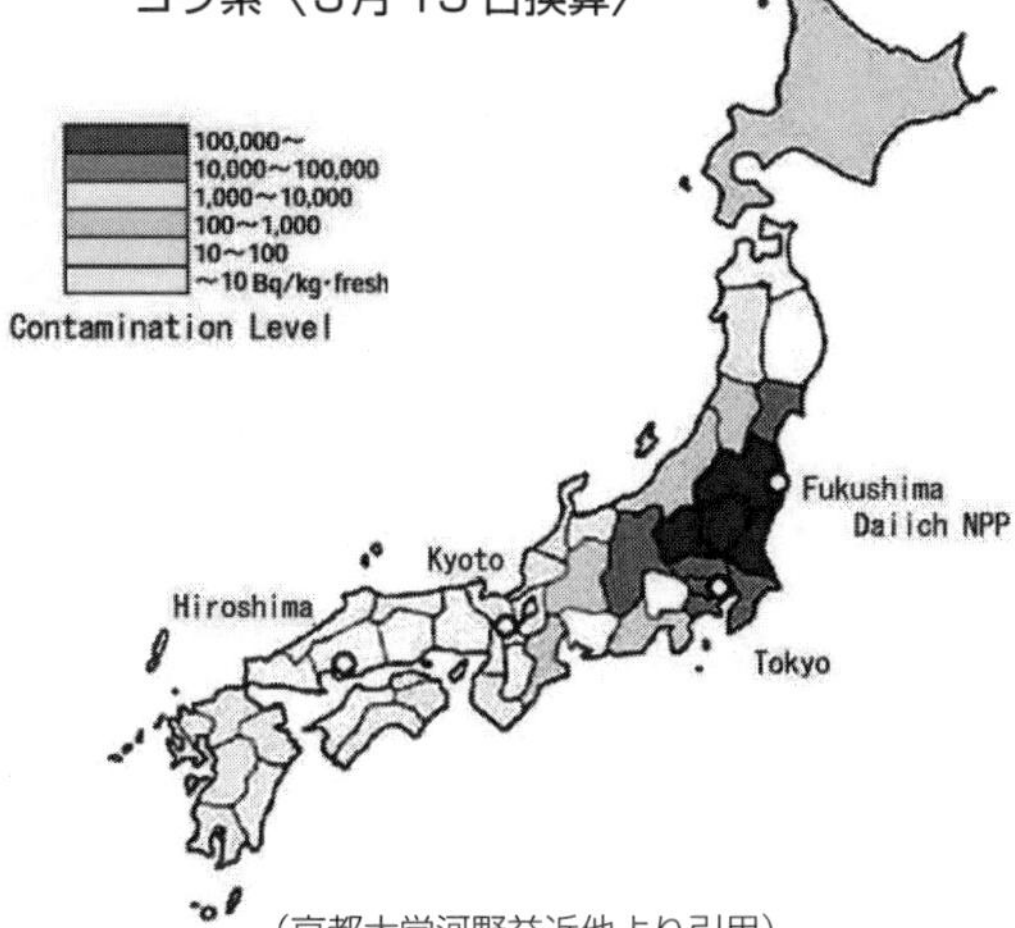

（京都大学河野益近他より引用）

うことを申しあげておきたい。

若い人たちが中心になって、大集会をやる。そのことに七二歳の私は、いたく感動しました。何かを若い人たちが感じているわけです。若い人たちは何が起こっているのか、ということを感じて、このような集会を各地で起こしているわけです。

最近になって、福島の農家の人たち数千人が電力会社に押しかけて、この事態を批判しました。農民の人たちが牛を連れて、ようやく声を上げたのです。声を上げなければ何も変わりません。

原発に反対する人は3・11まで一万分の一と申しあげたのが、3・11以降は千分の一くらいになりました。けれども、さらに一〇〇分の一になったら何かが変わるわけです。一％になったら完全に変わります。私はそういうふうに信じております。

越智敏夫・司会　ありがとうございました。まず私から、お二人のお話で気になった点を質問させていただきます。

高橋さんはお話のなかで「半当事者未満」という印象に残ることばをお使いになりました。その意味は先ほどお話下さいましたが、犠牲のシステムについて考えると、われわれはどこまで当事者なのか、もっといえばどこまで加害者なのかと思わされます。

3・11以降の市民集会とか、反原発の人たちの発言を聞いていても、どこか歯切れが悪くなるのは、われわれがいい思いをしているからだと思うのです。今会場でエアコンをつけていますし、オール電化の家にあこがれたり、高度成長期には洗濯機や冷蔵庫を買い、テレビをつけ、ということをずっとしてきたわけです。それは高橋さんがおっしゃったような植民地主義における加害者であったり、あるいは「沖縄の基地問題は大変だよな」とかいいながら、自分の隣に基地ができるのは反対する、沖縄の基地を減らす代わりに自分の県に基地をもってこようということにはならない。つまり、犠牲のシステムをわれわれもつくっている、誰かに犠牲を強いている、ということがあると思います。

高橋さんがおっしゃった「半当事者未満」という表現に、私は、みんながそれぞれに後ろめたい思いを共有しているような印象を持つんですけれども、いかがでしょうか。

高橋　ご指摘ありがとうございます。そこのところは、私は「当事者」というのを「被害者」に重点を置いて語ってしまったと思います。ですから、私自身のなかに、「福島県民性」というものがどの程度残っているのかはわからないのですが、もちろん、福島には親類とか友人とか色々な人がいますけれども、私自身はずいぶん長く電力を享受する側の人間として、福島でつくられた東京電力の電力を享受してきた人間として、原発事故の犠牲や被害を心身に、全体で受け止めざるをえなくなっている福島県民の人びとに対して、福島県の出身だからといって、それを代弁したりはできないだろうと思っています。そういうことで、「半当事者」というのは、半分当事者未満くらいかな、という意味で申しあげました。

ですから、おっしゃることはまったくそのとおりで、厳密にいえば私もそう思います。つまり、電力を享受している側も当事者ですし、植民地支配でいえば宗主国側も当然、当事者なのですね。そういうふうに思います。

越智　私がつねづね疑問に思っていることなのですが、小泉さんが批判される科学者というのは、何なのだろうということです。私たちの世代はアトムとかサンダーバードの再放送の時代に物心がついた世代で、「良い科学者」と「悪い科学者」という構造がやたら出てくるんですね。邪悪な天馬博士と良い御茶ノ水博士、できの悪いと技術とできの良い技術、サンダーバードは良いけれども、事故るやつは駄目だとか。

そういう科学のなかの問題は、科学のなかで解決されうるものなのでしょうか。小泉さんが批判されている、原発側、電力側の科学者というのは、邪悪な精神を持っているのか、それとも純粋無垢な科学者として生きてきたらこうなりましたよ、ということなのか。どうなのでしょうか。

小泉　私はそういう立場ではないので、この人たちが何を考えているのかわかりません。ただ、テレビに登場した研究者は、自分の専門分野のこと、限られたことしかいえないわけです。そのような人たちがある食品のなんとか安全委員会の委員という立場で登場すると、「これは食べても大丈夫ですよ」という発言を平気でします。けれども、大学に帰ってそんな発言をしているかというと、そんなことはありませんね。多分、違うことをいっていると思います。

限られた空間のなかで、きわめて狭い整合性のなかで生きようとして過ごしてきた人たちだろうと思います。科学を分断して、自分の限られたところで論文を書き、それだけを考えて生きてきた人たちが、このような事態になると自分の領域を超えたことを平然という。ふだん考えていることと多少違う角度で、原子力は大丈夫、あるいは食べても大丈夫、被曝なんてその程度はたいしたことありませんよ、というようなことを平然という。その姿を見たときに、私は唖然とします。

原子力にかかわった専門家の人たちを見るにつけ、この人たちは本当に科学者なのかしら、と思います。きわめて限定的なことしかやっていない人たちが一般の前に出ると、あたかも自分が全部知っているかのように平然という。その姿を見たときに、私はびっくりするしかありません。こういう人たちを「悪い科学者」といっていいかもしれませんが、私はそういう言葉を使ったことがないので、よくわかりません。

科学というものを、自分の細分化されたなかでも考えて行きながら、つねにその科学——私は科学という言葉はあまり好きではありませんから、技術というふうに呼び換えていいと思います——が何であるか、その技術というのは果たしてどういうことなのか、ということをトータルに理解することが重要だと思います。しかし、ごくわずかなことしか自分がかかわれないということも知らないで、平気でいられるという人は、ある意味では、「悪い」と呼んでいいだろうと思っています。

【発言】

私たちはどういう社会を構想していくのか

内海愛子

内海愛子と申します。この集会を持つにあたって、「市民文化フォーラム」が模索していたことを少し話させていただきます。

3・11以降、何かすっきりしない、もやもやしている。自分の思考がまとまらない。こういう思いをしてきた方が、ここには多くいらっしゃると思います。今日、高橋哲哉さんと小泉好延さんが、この間の問題点を整理して提示してくださいました。

3・11以降、いわき市に住んでいる友人からたびたび、電話がありました。「これから逃げます。とりあえず東京に行く」「行くところがなかったらうちに来て」。何回かこのようなやりとりがありました。「逃げられません。逃げたくても逃げられない、この福島の現状をみなさん、知ってほしい」。次第に追い詰められていく様子が電話から伝わってきます。

何もできないまま電話を受けるしかありませんでしたが、「あなたたち東京の人たちは加害者だ。福島の原発を利用した電気でのうのうと暮らしていたんじゃないか。電力会社だけでなく、東京の人たち、あなたたちも責任もとらずにきたんじゃないか」と、電話の声は怒りにかわっていました。そして「これは戦争裁判と同じだ」といったあと、プツっと連絡が途絶えました。友人がどういうかたちで避難したのか、しなかったのか、連絡がとれなくなりました。無事を確認したのは大分たってからでした。

追い詰められていく、そのときどきの電話を受けながら思いました。私たちは、原発が危険だということをわかりながら、福島にその原発を置いて、今この会場のように蛍光灯をつけ、エアコンがきいている部屋で集会を重ねてきたし、そのような暮らしをしてきました。こういう暮らしのありようをもう一度、考えなおさないと、彼女の追い詰められた状況からの問いに返す言葉がありません。

原発をどう考えていくのか。先ほど、「良い科学者」と「悪い科学者」という言葉がありました。テレビではその悪い科学者が「安全です」、「大丈夫です」と発言を繰り返す。しかし、その言葉を信用しない人たちが広く情報を得ようと努力しました。パソコンにしがみついてインターネット検索をした方もたくさんいらっしゃると思います。YouTubeで原子力情報資料室のサイトにアクセスし、刻々と変わる状況に対応した説明を聞いていた人も多いと思います。インターネットでのサイトのなかで多くの人の信頼を集めた専門家がいました。その一人が先ほどから何度も名前が出てきた京都大学の助教小出裕章さんです。

私も初めてYouTubeにかじりついていました。このなかで、小出さんが原発について色々説明していました。専門的なことは今日ご出席の専門家にお願いしますが、小出さんの次のような発言が心に響きました。

「自分だけがよくて、危険は人に押しつける社会がゆるせなかった」……。だから、小出さんは原発の危険性を一貫して訴え、差別の問題だと発言してきた。「どういう生き方をするのか」、「どういう社会をつくっていくのか」。原発に反対する私たちが問われており、突き詰めていくべき問題がここにある。これが、小出さんが話していることです。そして、いわき市の友人の問いかけもそこにあったと思います。高橋さんが展開された論理と根底的には同じ問題だと思います。

この問いかけと「市民文化フォーラム」が一貫して追及してきた思想とは相通ずるものがあると思います。市民文化フォーラムの前身、国民文化会議の有志が一九六五年から、毎年八月一五日に集会を開き、五月と一二月八日にも集会を持ち、「どういう社会をつくっていくのか」

を考えてきました。しかし、八・一五集会では原発問題を一度も取り上げてきませんでしたので、今日掲げました、「脱原発宣言」を出すのは簡単ではない。それは「どういう社会を私たちが構想していくのか」ということとリンクして考えていかなければならない問題だからです。

小出さんは助教のままもうすぐ定年になるようです。助教というのは昔の助手です。六〇歳を過ぎた人がいまだに助手、かつての宇井純さんや東大全共闘などの学園紛争の後も説を通した万年助手の友人たちが思い浮かびました。今は「任期制」なので「万年助手」もできないようですが——。反原発、反公害運動、公害輸出反対運動など、学問上の信念から説を曲げない人たちが冷や飯をくわされてきた。

戦前は治安維持法で身柄を拘束されたり、言論への弾圧が日常化していた社会でした。横浜事件のようなまったくのフレームアップによる検挙、拷問も珍しくなかった。私の専攻した社会学ですら戦前は「アカ」の学問といわれて就職もむずかしかった。ゼミの先生からそう聞いていました。今は、このようなあからさまな権力による弾圧はありませんが、もっと巧妙に首を絞めていく。「悪い科学者」のように権力や企業に都合のよい研究結果を示し、言辞を吐く、すなわちイエスマンになれば出世と金がついてくる。権力にすり寄る研究者たちです。多くの場合はすり寄っている自覚もないのでしょうが——。その誘惑に打ち勝って、研究や調査の結果に基づいた発言をし、「科学者の良心」と見識を示せば、ときには「万年助手」かクビです。利権が大きい分野ほどこの選別は厳しい。もちろん政府委員にもなれません。一度ぐらいなっても、役人の傀儡にならないと二度と依頼はないそうです。収入とステイタスを奪われる恐怖は大きい……。大学より企業の方がこの問題は熾烈でしょう。組織のなかで自説をどう主張していくのか、内部告発も勇気がいります。自分に引きつけて考えればよくわかります。

それでも、誘惑を拒否し、己の思想に生きる、自分の研究に依拠して発言することを選択するかどうかは、一人ひとりの生き方にかかわる問題です。しかし、そうした孤塁を守る人たちにはそれを支える仲間がいた。宇井さんには、反公害講座を担い、公害輸出反対の行動をともに担った若い仲間がいた。高木仁三郎さんにもいた。今日もそのメンバーが来ています。

小出さんは、熊取六人組の一人といわれているそうですが、京都大学の研究者仲間がいる。この仲間がいることが、重要なことだと思います。直接、お目にかかってはいませんが小出さんの肩には力が入っていない、あの笑顔には仲間とともに研究、活動をしてきた人の余裕のようなものさえ感じました。京都大学だったからよかったのでしょうか。

一人で巨大な権力と金の力に抗することは難しい。闘いが厳しいほど仲間が必要です。仲間がいることによって、私たちは自分たちの思想・信条に基づいて行動したり訴えていく勇気を持つこともできます。また同時に自分自身も仲間の支えになる。これは原発だけではなく、巨大組織の一員として働いている私たちが日々経験していることだと思います。

反原発の運動をやるときに、踏まえておかなければいけないのは、反原発を原発輸出にすり替えさせてはいけないということです。六〇年代後半から八〇年代にかけて、日本では反公害運動が起こりましたが、これが公害企業のアジアへの進出という問題を引き起こした。そのため公害輸出に反対する市民運動も闘われてきました。

公害企業が韓国やインドネシアに逃げたのです。私はインドネシアの三菱が出資している公害企業の現場を見に行きました。外側から工場を見て写真を撮っただけですが、そのあとずっと行動が追跡され、身元も洗われていたことがのちになってわかりました。

公害反対運動に神経をとがらせていた企業は、そんなこともする。利権の大きいＯＤＡ（政府開発援助）に抗議したり反対する運動にも、陰湿ないやがらせや排除が続いています。

公害や原発の問題、企業の利益に結びついた問題に対する弾圧やじわっと真綿で首を絞めるような抑圧が日常的にあります。そのなかで、一人ひとりの科学者、あるいは技術者やジャーナリストが、発信を続け行動していくことが大切だと思っています。それは個人の生き方の問題でもあるでしょう。同時に支えていく仲間をどうつくって増やしていくのか、市民運動の問題でもあります。支えあう社会をつくる道筋をさぐり、ともに生きる社会を構想していくことが重要なポイントだと思います。

今日本は、インドネシアに原発を輸出しようとしています。輸出される地域を見に行きました。住民は反対しています。するとそこに日本の援助がつぎ込まれる。原発がどれほど危険なものか、情報はほとんど住民には伝えられていない。原発の危険性を隠す、事故を隠す。小泉さんのおっしゃったことと重なってきますが、かつて日本で原発立地をめぐるあの騒動が海外で繰り広げられる。

インドネシアは、スマトラ沖の大地震があったのでご存知だと思いますが、ジャワ島にもよく地震が発生する。そこに原発を輸出しようとする、しかも韓国と手を組んでの輸出です。日本が公害を輸出した韓国が、今度は日本と手を組んでというより、より積極的に原発を輸出しようと動いている。こういう問題を見据えながら、反原発の問題を少しずつでも進めていきたいと思っています。

お二人の報告は、3・11以降の私たちのもやもやしたものを論理的に展開してくださいました。お二人の発言を受けて、どういう運動をこれから続けていくのか、みなさんと議論して深めていきたいと思います。

【発言】

脱原発と民主主義の再編

市野川容孝

内海さんと同じく、市民文化フォーラムの共同代表をつとめております、市野川容孝と申します。内海さんから、いわきの女性のお話が出たんですが、私のつれあいもいわきの出身です。その親戚が南相馬市の原町や相馬市にいたので、この半年は気が気ではありませんでした。

つれあいの実家は、映画「フラガール」の舞台となった湯本にありますが、昨年、相次いで両親が亡くなって、空き家になっているので、浪江から避難してきたご家族に貸すことになりました。ちょうど高橋哲哉さんと同じ五月の連休のときに行きまして、ガタガタになっているところを片付けてきました。帰りに小名浜という漁港へ寄ったのですが、すごいことになっているのを見て唖然として帰ってきました。今もずっと、大変な状況は続いています。

震災のあった三月一一日は、国際シンポジウムで発表等するために、三月八日からドイツのハレというところに行っていました。ちなみに帰国したのは先ほど小泉さんのお話にありました、放射線量の高かった三月一五日でした。みんなが大変な目にあっているときに、私は自分がその場にいなかったので、負い目のようなものを感じています。だからというわけではないのですが、自分が震災のときにいたドイツで、脱原発の動きがどうなっているのか、お話させてもらえればと思います。

これからいくつか話しますけれど、私がみなさんと一緒に考えたいことは、脱原発の問題にからめて、民主主義の再編という問題、さらに最後にお話しますけれども、国民投票の論理と住民投票の論理のどちらを優先していくのかという問題です。

ドイツの脱原発というのは、今に始まったことではありません。ドイツ社民党（SPD）、緑の党／90年連合が連立政権の座にあった二〇〇二年にドイツ国内の原発を原則、二〇二二年までにすべて停止させる、そういう決定がすでになされていました。ところが、その後政権が交代して、この脱原発の方針は大きく後退しました。二〇〇五年の総選挙後、緑の党／90年連合は、連立政権から降りて野党となり、社民党とキリスト教民主同盟／社会同盟（CDU／CSU）の大連立政権となりましたが、社民党が政権にとどまったため、二〇〇二年の脱原発の途はかろうじて維持されました。

二〇〇九年の総選挙で社民党が戦後最低といわれる得票率で大敗北して、野に下り、新たにキリスト教民主同盟／社会同盟と自民党（ＦＤＰ）の連立政権が成立すると、首相のアンゲラ・メルケル（ＣＤＵ）は一〇年一〇月に、脱原発の期限を最長で一四年、延期する旨の法改正をしました。

ここで重要なことは二つあって、ひとつは二〇〇二年の脱原発の方針が撤回されたわけではなくて、単なる延期だということ。もうひとつは、この延期について、野党に下った社民党と緑の党／90年連合は当然反対で、これらの党が政権の座にある五つの州が、今年（二〇一一年）の二月二八日、ということは東日本大震災の直前なんですけれども、この延期に関する法律は連邦参議院の承認を得ていないので、憲法違反だという訴えをドイツの憲法裁判所に起こしているのです。

二〇〇九年の総選挙（連邦選挙）の結果、確かに連邦議会（ブンデスターク）ではメルケルらが政権の座についていますが、州議会選挙の結果を踏まえて勢力図が決まる連邦参議院（ブンデスラート）では、今でも社民党と緑の党／90年連合、さらには左翼政党が優位を保っています。したがって、この訴えを連邦憲法裁判所が認め、連邦参議院で再度審議されていたならば、メルケルらの延長の決定は覆され、二〇〇二年の決定どおり二〇二二年までに脱原発という元の途に戻っていた可能性は高いのです。

福島第一原発の事故を踏まえて、メルケル首相は今年の六月に〝二〇二二年までに脱原発〟という、二〇〇二年の決定に戻ることを正式に決定しました。福島の問題が大きかったことはもちろん事実なんですけれども、福島の問題がなくても、延期を撤回させて脱原発を進める、そういう力、あるいは動きがドイツ国内にもともとあったということも事実なのです。

日本では、メディアがメルケル首相の英断であるかのように伝えているのですが、それは正しい認識ではなく、メルケルは脱原発を遅らせようと思ったのを元に戻した。ただそれだけのことなのです。

もうひとつお話ししたいのが、今年の三月末以降、ドイツのいくつかの州で実施された州議会選挙、地方議会選挙についてです。ザクセン・アンハルト州（三月二〇日）、バーデン・ヴュルテンベルク州（三月二七日）、ライラント・プファルツ州（三月二七日）、ヘッセン州（三月二七日）、ブレーメン州（五月二二日）と、計五州で地方議会選挙が実施されましたが、そのいずれにおいても、緑の党／90年連合は前回よりも得票率と議席数を大きく伸ばしました。その逆に、キリスト教民主同盟と自民党は、得票率と議席数をほぼすべての州で減らしています。社民党は、わずかに増えた州が二つ、減った州が三つです。社民党が減った理由は、おそらく前回の選挙で社民党に入れた人びとが、今回は緑の党／90年連合に入れたからだと思います。

なかでもバーデン・ヴュルテンベルク州はドイツの南部にありますが、ここでの緑の党／90年連合の躍進はめざましいもので、得票率は前回（二〇〇六年）の約二倍で、二四・二％、全体の約四分の一です。もともと保守的な州で、五〇年以上にわたってキリスト教民主同盟が政権の座にあった所なのですが、今回の選挙でキリスト教民主同盟が野党に転落して、緑の党／90年連合が社民党と連立で政権の座について、そしてその緑の党／90年連合のヴィンフリート・クレッチュマンという人が州の首相になったのです。緑の党／90年連合から州の首相が出るというのは、ドイツで初めてのことです。歴史的とも称される、バーデン・ヴュルテンベルク州での緑の党／90年連合の躍進には、いったい何があったのか。

私の考えでは、二つあります。ひとつはいうまでもなく脱原発の問題。でも、重要なのはもうひとつのほうです。それは民主主義の再編とでもいうべき事柄に絡んでいることなのです。

最初の原発問題についていいますと、ドイツ国内で現在、稼動中の原発は、私の勘定では八つ（原子炉は九基）ありまして、そのうちの二つ（原子炉は二基）が、このバーデン・ヴュルテンベルク州にあるのです。この二つの原発をできるだけ早く止めてくれ、ということで前回の選挙の約二倍にあたる、凡そ二五％の有権者が今回の州議会選挙で緑の党／90年連合を支持したといえると思います。稼動中の原発はさらに南部のバイエルン州に三つあります。今回、バイエルン州では、地方議会選挙がなかったのですけれども、ここも保守的なところです。しかし、キリスト教民主同盟の姉妹政党であるキリスト教社会同盟（ＣＳＵ）が政権の座にある州政府は、福島第一原発の事故後、すみやかに脱原発へと方向転換したのです。つまり与党のキリスト教民主同盟トップのメルケルは、当時は延期するといっていたんですけれども、原発を三つ抱えているバイエルン州のキリスト教民主同盟がもう延期はできない、と内部で股裂き状態になったんです。

いずれにしても、今年六月のメルケル首相の延期撤回というのは、原発を抱えている地域、州から湧き上がった脱原発推進の声に、いわば下から突き動かされるかたちで出てきた。そういう決定だったということは、重要なポイントだと思います。つまり、上からではなくて、下からきている。

それから、バーデン・ヴュルテンベルク州に戻っていうと、緑の党／90年連合がここで躍進した理由というのは、脱原発だけでなく、もうひとつ重要な問題があって、それは「シュトゥットガルト21」という問題が絡んでいるのです。シュトゥットガルトというのはバーデン・ヴュルテンベルク州の州都ですが、問題の「シュトゥットガルト21」というのは、今地上にあるシュトゥットガルトの中央駅とその周辺十数キロの線路をトンネルを掘って全部地下に移すという、かなり大掛かりな建設事業で、九〇年代の半ばに計画されて二〇一〇年の二月に着工、二〇一九年一二月に竣工予定とされています。総事業費は四一億ユーロ、日本円にしたら、五千億円以上かかるというものです。

この公共事業には、州議会で与党だったキリスト教民主同盟と自民党だけではなく、社民党も賛成してしまったのです。ところが、このシュトゥットガルト市やバーデン・ヴュルテンベルク州の住民から、この公共事業に対して、異論や反対の声が次第に多きくなり、二〇〇七年にはシュトゥットガルト市役所に六万七千人の反対署名が提出されました。結局は、市議会によって棄却されてしまったのですが、「シュトゥットガルト21」という建設事業の是非を問う住民投票を実施しろ、という要求が出たんです。世論調査でも、二〇〇八年あたりから毎回、反対の人が過半数になったのです。

反対の理由としては、四一億ユーロもかけるほど意味のある事業なのか、もっと住民の為になることにお金を使えということと、技術的にトンネルを掘るというのだけれども強度が充分に見込めないということがあります。しかし、一番大きな理由として、シュトゥットガルトの中央駅に隣接しているシュロスガルテンという大きな公園があって、東京でいうと井の頭公園みたいなものを思い描いていただいていいですけれども、この公園が建設事業によって大きく様変わりされてしまって、この公園に何百本もある古い大きな木が全部伐採されてしまうということです。そんなことは嫌だし、認められない、そういう意見が多かった。しかし、計画は変更されずに、二〇一〇年の一〇月一日、シュロスガルテンにある木が手始めに二五本、強引に伐採されてしまったのです。それを阻止しようと集まった反対派住民を、当時、州の首相であったキリスト教民主同盟のシュテファン・マプースという人が、警官隊を動員して手荒に弾圧しました。住民側に約四〇〇名の負傷者が出て、そのなかに、おじいさん、おばあさん、小学生の子どももいました。

このマプースのやり方に反対派住民の怒りは頂点に達して、一〇月九日には抗議のための大規模なデモと集会が実施されました。参加者は主催者発表で一五万人。このとき私は、ちょうど集中講義のためにドイツへ行っていたのですが、新聞もテレビも連日このシュトゥットガルトの出来事を報道していました。おまけに、シュトゥットガルトにいる友人に会いに行く約束をしていたので、ちょうどこのデモのときにシュトゥットガルトに行くことになりました。

一〇月一〇日に、友だちとそのお子さんと私の三人で、集会をやっているシュロスガルテンに行きましたが、すごい人でした。その熱気……先ほど小泉さんに、高円寺のデモの写真を見せていただきましたが、もっと大きい。それを見ていて、部外者なんですけれども、これは何か変わるだろうな、と熱気が充分に伝わってきました。

二〇一一年の三月のバーデン・ヴュルテンベルク州の州議会選挙は、この延長線上にあるということなんです。つまり、緑の党／90年連合が躍進したのは、既成政党のなかで唯一、この「シュトゥットガルト21」に反対していたからでもあるんです。反対していたということだけではなくて、もっと重要なことは、この計画について棄却されてきた住民投票を実施すると緑の党／90年連合が公約したことです。「シュトゥットガルト21」にかつて、賛成してしまった社民党ではあるんですけれども、社民党もこの住民投票の実施を公約した。それで、バーデン・ヴュルテンベルク州の州議会選挙で、緑の党／90年連合と社民党はあわせて、約五〇％の得票率を得ました。この二つの党が公約した住民投票の実施という方針、間接的な民主主義だけでなく直接的な民主主義も尊重していくんだ、という方針がこの州議会選挙で支持されて、そこに脱原発の問題も乗っている、というのが重要なんです。

前述の州議会選挙における緑の党／90年連合の得票率を各州別で見ると、ザクセン・アンハルト州で七・一％、ラインラント・プファルツ州で一五・四％、ヘッセン州で一八・三％、ブレーメン州で二二・五％、そしてバーデン・ヴュルテンベルク州で最多の二四・二％となっています。

先ほど私は、脱原発と並んで、民主主義の再編という問題があります、といいましたけれども、それは、間接的な民主主義のなかに、直接的な民主主義を積極的に組み込んでいくということなのです。私は、脱原発の問題も民主主義の再編という問題とセットで考えていくべきことだと思うのです。

しかしながら、直接的な民主主義といっても、回路は二つあります。つまり、国民投票なのか、それとも住民投票なのかということなのです。この二つは、区別されなければならないと思うし、私自身は、脱原発については国民投票の論理ではなくて、地域に根ざした住民投票の論理で進めていくべきだと思うのです。

先ほど、小泉さんのスライドのなかで住民訴訟の話が出てきたのですが、そういう意味での住民投票の論理ということです。イタリアは国民投票でしたけれども、ドイツは国民投票ではなく、住民投票の論理で支えられているし、進められている、と私は理解しています。日本でも新潟の巻町（一九九六年）や三重県の海山町（二〇〇一年）は、住民投票によって原発の誘致や建設を拒みました。けれども、拒むのではなくて、今、原発を持っている地域、地域の住民がまず原発はもういらないんだと民意を固めて、そして私たちがそれを支えて、国政へ、つまり下から上げていく、ということです。そういうふうにして脱原発の道筋をつくっていくのが、私は筋なのではないかと思っています。

現行の日本の法制度では、国民投票で脱原発を決めることも、住民投票でそうすることも、どちらも難しい。けれども、精神というか論理としては、国民投票ではなくて、住民投票の論理でやるべきなのではないかと思います。

この「住民」という概念も、広がってきていて、原発を持っている地域だけではなくて、先ほど小泉さんの松葉のセシウムの図を見れば、東京に住んでいる私たちも、ある意味で「住民」なのだと思います。「住民」という概念がそういうふうに広がっていることも事実なんですが、私は下から上げていく住民投票の論理の方が重要だと思います。国民投票で脱原発をしよう、という声もあるようですが、国民投票で、という論理には、私は賛成できない。国民投票を実際に行って、脱原発ということになったときに、この結果が国民の総意だから従いなさい、と地域にいうことには、私は違和感を持つのです。

つまり、高橋哲哉さんの犠牲のシステムに戻りますが、国策という言葉で、原発を受け入れさせて、国民投票の結果によってまた「国策だ」という言葉で、お払い箱にする……、そういうことの繰り返しを止める。このような意味での民主主義の再編が、私は日本の課題ではないかと思います。これは沖縄の問題にも直結することです。

日本にあって、ドイツにないものの一つは、電源三法交付金です。脱原発の声が、まず原発を抱えている地域から上がってくる——そういう下からの民主主義が、ドイツで脱原発を推進できる一つの大きな理由は、麻薬のように地域経済を原発に依存させる、日本の電源三法交付金という仕組みがないからです。下からの民主主義は、下部構造としての地方経済の再編なしには不可能でしょう。中央に依存しない、自立した地方経済を生み出さなければ、下からの民主主義もありえません。

【討論】

福島原発事故をめぐる問題と課題

海老坂武・菅井益郎・桜井均

越智　討論に入ります。今日はたくさんの方に参加いただいておりますが、是非発言していただきたい方がお見えになっておられますので、指名させてください。

フランス文学を専攻されている海老坂武さんがいらっしゃってますので、発言をお願いしたいと思います。

海老坂　海老坂武です。私は、フランス文学をやっている人間です。今日は別にまとまってしゃべるつもりはまったくなかったので、話は飛ぶかもしれませんがお許し下さい。

3・11とそれに続く原発事故のときに、二つの言葉を思い出しました。一つは、サルトルの言葉です。彼は、広島、長崎に原爆が落ちたすぐ後に、今まで人類は、なんとなく何千年生きてきたけれども、今後は、人類がもしも存続しようと思うならば、存続しようという意思を持たなければいけない、という内容の文章を書きました。

今日の副題は「文明の転換点に立って」という言葉になっている。文明の転換点とは何か。僕は、人間が存続しようとするのかしないのか、それをどこまで自覚するのか、そういうところにきている。そのポイントが文明の転換点ではないかと今日、文字を見て思いました。

もう一つ思い出した言葉は、フランツ・ファノンというマルチニーク島出身のもともとは精神科医なんですけれども、アルジェリア人がフランスに対して独立戦争を始めたときに、敵であるアルジェリア側で活動をした思想家です。彼は『地に呪われたる者』(鈴木道彦、浦野衣子訳、みすず書房、一九九六年)という本のなかで、こう書いています。「ひとつの橋の建設がもしそこに働く人びとの意識を豊かにしないものならば、橋は建設されぬがよい。市民はこれまでどおり歩いて川を渡ってもいいし、泳いで渡ってもよい」と。

この言葉は、何十年か前に美濃部亮吉都知事が市民参加の言葉だということで取り上げたことがあるんですけれども、この言葉を思い出しました。市野川さんがお話になった、住民投票の論理に繋がっていくことだと思います。問題は福島の住民の多数は原発を欲したということ、これをどう考えるか。

少し話が飛びます。これは、高橋さんが話された、国家は犠牲者を必要とするという点について。どういう犠牲者かというと、これは必ずといっていいくらい弱者が最初なんですね。そして高橋さんが挙げられたように、沖縄であり、東北である。

実は、三月一一日には沖縄に滞在しておりました。そして、その数日前から、カッカと腹を立てていたのです。何に腹をたてていたかといいますと、みなさん、メア発言事件というのを覚えてられますか？　ケビン・メアという人物は、長い間沖縄の基地に勤務していて、日本政府、沖縄政府との交渉にあたった重要人物で、アメリカに帰った後は、国務省の日本問題担当の重要な位置についていた人です。彼が日本に研修に行く学生に講演をして、その講演でいったことを学生がノートに記した。その内容がひどいということで、どっちがどうコンタクトをとったのかわかりませんが、おそらく共同通信の人がそれを手に入れて、発表しました（章末に参考として掲載）。

沖縄には、沖縄タイムズと琉球新報と二つ新聞がありますが、このことが明らかになると、三月七日から八日、九日、一〇日、一一日の五日間は、両紙ともに一面、全部その事件についての記事でした。一二日は地震のために紙面がうって変わる。沖縄には夕刊はありませんから、七日から五日間、メア問題です。

沖縄タイムスも琉球新報も、メアの発言ノートの全文を載せている。ところが、全国紙で全文載せたのは、毎日新聞だけ。朝日新聞は要約文を短く載せただけでした。彼は、沖縄の人はゆすりの名人だ、とか、日本政府は普天間を解決したければお金を持って行ってあげればいい。沖縄の政治家は、一方では日本政府のほうを、他方では沖縄の住民のほうを向いて、別のことをいっている。また、日本の憲法を変える必要はない。今のままでアメリカは充分利用できる、などと色々なことをいっています。当然、沖縄の人は怒ります。

沖縄では、いわゆる全国紙というのはあまり売っていません。日本経済新聞と読売新聞は、スーパーに売っていますが、他の新聞は買えない。だから、図書館に行って読む。朝日新聞と毎日新聞と比較してみましたが、朝日新聞にいたっては、七日の朝刊にニュースが出ていない、七日の夕刊にしか出ていない。半日も遅れています。いつから一面に載るようになったかというと、アメリカから国務次官がやってくるということになって、ようやく一面に載せだしたんです。

それから、そもそも、その話を聞いて枝野はなんといったかというと、発言の正確度がわからないからコメントはできない、といった。ところが、動いたのはアメリカなんです。アメリカの方が問題の重要性を認識していた。アメリカの大使館がまず枝野に電話をして、どうするか相談した。それから国務次官補が本国からやってきて、謝る、大使は沖縄に飛んで謝る。そういうことがあって、初めて日本政府はすこし動き出しました。

その間、沖縄の新聞はもちろん、メアに対して怒っている。しかし、日本の政府に対しても、腹を立てている。社説でなぜ大使を呼びつけないのか、と。ところが、それと同じ日に、朝日新聞の社説は何を書いているかというと、「こういう誤解が起こらないように、アメリカの政府にちゃんと説明をしなければいけない」とのんきなことを書いている。その落差に、僕は唖然としていたわけです。

ところがメアがいっていることは、ある意味で正しいのです。沖縄の人は、ゆすりの名人だといっているけど、沖縄は、じつはゆすりをしているというふうに見なされざるを得ないことをしなければならないという、そういう状況があるわけです。基地は、国のいうことだから最終的には断れない。だとすれば、どうするかと考える。逆にいえば、日本の政府はそれを知っている。お金を持っていけば、必ずイエスの答えが引き出せると思っている。今まさに、それをやっている。ついこの間もそれが新聞に載っていて、交付金といって、さらにいくらか、何百億かのお金をくっつければ……という話をもっていくわけです。

ということがありまして、メアがいっていることは、要するに、日本の政府はお金を払えばいい。それで話はすむ、ということです。そのことは、まったく原発と同じでしょう。原発のための土地をどうやって手に入れているか、この間、明らかになっている。要するに政府と官僚と東電とが手を組んで、お金をどんどん撒いた。さらに学者に撒き、ジャーナリストに撒きというかたちでもって、マスコミも手なづけた。その構図は、メアが批判した沖縄と政府の関係とまったく同じではないでしょうか。

もう一つ、この七月（二〇一一年）に、私はフランスに行っていたんですけれども、フランスの動きは非常に早いですね。そもそもサルコジとアレバの社長がさっとやってきて商売をした、あの速さと同じくらいに社会党の動きも早いのです。来年はフランスで大統領選挙があります。世論調査によるとサルコジは負けるんですね。社会党から誰が出ても、五五％から四五％の割合でもって社会党の候補は勝つと予想されている。社会党候補では今のところ有力なのが二人いまして、マルティーヌ・オブリとフランソワ・オランド。この二人は、一〇月に行われる社会党内の大統領候補を選ぶ予備選挙で立候補しますが、その二人とも既に脱原発のチームを組んでおり、脱原発を打ち出すそうです。これは、イタリアの国民投票があって、ドイツのメルケルが動いたということがフランスにものすごく影響を与えているからです。（社会党候補はオランドに決定した。）

今、日本の民主党は首相を選ぶための大会を開くわけでしょう。そこで原発が問題になっているでしょうか。まったくない。ゼロです。あんまり怒ると、血圧があがりますので……これくらいにしたいと思います。

■

越智　続いて、経済史がご専門で、運動史等も研究されながら、実際の反原発運動にずっとかかわってこられた菅井益郎さんがいらしてますのでお話を伺いたいと思います。

菅井　みなさん、こんにちは。六月四日（二〇一一年）の市民文化フォーラム研究シンポジウムで新藤宗幸さんと原発事故の経過や問題点についてお話させていただきました菅井益郎です。

私は、今年五月に海老坂さんが日本経済新聞（二〇一一年五月二八日）にお書きになった文章（付論として巻末に掲載）を読み、学生にも読ませました。状況を放っておいたら、誰かがつくった状況のままになっていくという内容が強調されていまして、そこが非常にいいと思いました。学生には、実存主義の話から全部説明しなければならないので、大変時間がかかったんですけれども、なんとか理解したようでした。

海老坂さんが今お話になった言葉につなげていいますと、まさに原発は「金」でつくられています。地域の方もそれに頼ってきたところがありまして、そこを打ち破るのが難しいわけです。

私は今「柏崎・巻原発に反対する在京者の会」をやっております。この前身は、七四年につくった柏崎原発反対在京者青年会議で、メンバーは皆歳をとったので、今は名前を変えてやっています。

二年ほど前、柏崎市議の矢部忠夫さんの呼びかけで、同郷の伊藤久雄さんや、地方財政の研究者、町おこしの調査立案をしている人たちと「三〇年後の柏崎を考える」というシンポジウムを一年がかりで企画しました。このシンポは自治労の協力を得て行ったもので、新潟県自治研究センターの情報誌『新潟自治』（Vol. 38, 2009.1）に掲載されています。

シンポジウムには、柏崎の財界人の参加もありました。そこで問題となったのが、原発のお金の話でした。原発のお金に頼ること、構造的に組み込まれているズブズブの状況からいかに抜け出すか、そして自立して行くかについて議論をしました。さすがに今はなくなりましたが、当時はまだ原発増設案もありました。

今、柏崎だけではなくて、日本全体が自立してやっていかなくてはならないときです。そういう時期に私たちは生きているわけです。

内海さんがおっしゃっていましたが、今の状況で何をしなければいけないかということですけれども、一つは避難だと思います。避難すべき人たちの大部分が避難できなかった。個人的なツテがある人、お金がある人は避難したかもしれませんが、ほとんどの人は避難できなかった。本来ならば、避難しなければならない福島の市内の人たちは、今でも福島駅前で毎時一・三マイクロシーベルトあり、ものすごい被曝です。市内の高いところは毎時四マイクロシーベルトもあります。私が調査に入りました飯舘なんかも三~四マイクロシーベルトくらいあります。この状態がほとんど変わらずに続いているわけです。

避難しなければならない人が避難できない状況にあるということは、一日も早く除染をしなければいけない。国は今除染の本格的な体制をつくるといっていますけれども、市民のほうは待っていられません。たしかに住んでいる以上、除染しなくてはいけない。必死になっているところは、地域の自治体や市民のボランティアが除染しています。

しかし、本当に除染をやって住めるようになるのか。ここに私は非常に問題があると思います。先ほど小泉さんのお話にありましたように、できる所とできない所がある。今人びとが住んでいる市街地はしなくてはいけませんが、農地や森や山や牧場は広域すぎてできません。しかしそうした所に住む人たちは、どうやって生きていくのか。農民たちは、毎日毎日、農作業ができない状況で、もう五カ月も経ってしまったんですね。私は積極的に移住させるべきだと、そういうプログラムをしっかりと行政がつくらなくてはいけないと思います。

ところが、地方自治体は避難している人たちを、是非地元に帰したい。街中を除染するから、仮設住宅をつくるから、帰ってこいといっているわけです。しかし、そこでは農業はできません。仮設住宅で農業ができるでしょうか。帰ってこなければ、公的なサービスを受けさせないというような雰囲気がある。私はそこが問題だと思っています。九月初めに南相馬に講演で呼ばれていますから、そういう話をしてこようと思っています。

局所的には除染できないわけではありません。除染しなければならないんですけれども、除染したからといって、今までの生活は取り戻せません。であれば、子どもたちはどうするかという問題があります。東大の児玉龍彦さんが涙ながらに国会で訴えたことで、放射能汚染が放置されていること、除染の必要性が広く知られるようになったのはよいと思いますが、その反面どこでも除染できる、除染すればいい、という議論が沸き上がっていることについては、もっと掘り下げた議論をしないといけません。

アメリカのスリーマイル島の原発事故の後で、カーター政権は原発周辺地域に避難計画をつくらせたんです。Evacuation Planといいますけれども、これがないと原発の許認可を取り止めるということで各地域はみなそれをつくりました。今でもアメリカの原発の近くに行けば立看板があり、避難ルートや避難時の注意点、緊急連絡先などが詳しく書かれています。日本にはありません。一九八七年にカナダへ行ったときには、アメリカよりさらに詳しい避難ルートが地図上に示された冊子が各家庭に配られていました。

つまり事故が起こることを前提として、避難計画を立てるということなんです。日本では、事故は起きないということが前提ですから、避難計画はまったく具体的なものではありません。

今度の原発事故ですと、福島の浜通りと中通りの一五〇万人から一七〇万人の人たちが避難しなければならないような状況があったにもかかわらず、実際に避難の指示が下ったのは、三キロ圏、一〇キロ圏、二〇キロ圏までです。それから、三〇キロ圏外の飯舘のように、避難をしなさいと指示が出されたのは四月二一日になってからで、実際に避難が始まるのは五月から六月にかけてでした。「原子力施設等の防災対策」で対象になっている一〇キロ圏でさえ満足にできていない。二〇キロ圏はさらにできていません。三〇キロ圏になるともうまったくできていない。それを越えたところはそもそも原発の影響など思いもしていなかったわけです。私は、全国の原発で、八〇キロ圏、少なくとも五〇キロ圏について全部具体的な避難計画を立てさせる。これができなかったら原発は止める。これしかないと思いますね。

小泉さんとチェルノブイリへ二回ほど行きました。調査へ行ったところは、チェルノブイリから二二〇キロと二七〇キロ離れた地域でしたが、そこでもすごい汚染でした。もし、日本で二〇〇キロ圏に広げて避難計画を立てたらどうなりますか。日本列島はほとんど入ってしまいます。つまり、避難計画は立てられない。だから、日本には原発はできないんです。つまり、具体的に避難計画を各原発につくらせるということは、ある意味で非常に重要なのです。

この間佐賀の玄海原発の運転再開に際しての、玄海の町長のみじめったらしいあの言い方。それから佐賀の県知事のあのもの欲しそうな態度。これは、刈羽村の村長なんかも同じです。海を挟んだ長崎県のほうは、県議会が「万が一の場合に被害を受けることは佐賀県民と同様」だとして、運動再開の判断時に長崎県知事や県議会と協議するよう要請しました。原発立地県に隣接する滋賀県と山形県の知事も「卒原発」といっています。当事者の自治体だけがOKを出せば、運転が再開してしまうということで、いいのでしょうか。限定された意味での当事者が、原発に反対するのが一番強いのですが、今の汚染状況を考えてみれば、原発周辺、あるいはもっと広げて、Evacuation Plan ということを考えれば、みんな当事者になるのです。

もちろん一番強力なのは、立地町村です。そこが声を挙げなければだめです。新潟県巻町では、住民投票によって建設拒否の声を挙げたわけです。私はずっと住民投票にかかわってまいりましたけれども、そういうところをサポートしていくことは大事です。東京の人間がサポートできることは、たくさんありますよ。福島の農民が抗議で上京したときに支援に行くとか、あるいは東京にはマスコミのキーステーションがあるわけですから、おかしな放送をやっていたら、即抗議に行く。新聞なら、即新聞社に抗議に行く。とりあえず、電話を入れてもいい。それで、変な放送や記事をださせないことが非常に重要だと思います。私どもの在青（柏崎原発反対在京者青年会議）というのは、七〇年代にかなりそれをやったんです。ある人（大熊由紀子元朝日新聞記者）からは、私は柏崎の人に脅迫されていると書かれましたけれども。ただ、発言が間違っているから抗議に行っただけです。家まで手紙を持って行ったこともありましたけれども、家に行ったといっても押しかけたわけではありません。ちゃんとポストに入れてきました。そういうことを、やることが大切です。具体的な行動をとる。

私は今大宮に住んでいますが、大宮は枝野幸男さんの出身地です。このあいだ、埼玉の仲間と、静かに要請文を持って、事務所に行きました。事務所のほうには、もちろん本人はいませんでしたが、三人くらい秘書がいまして、応対してくれました。それから二週間以上たって届いた回答には、「こういう問題には回答しないことにしている」とありました。もうみんな頭にきた。

みなさんも、自分がその人に投票したかどうかは別にしましても、地元の国会議員のところに行って、意思を伝えるということが非常に重要だと思いますね。枝野さんのところには、また行くことにしておりますので、今回は一言でいいからしっかり答えて欲しいといっています。そういうことを繰り返すということも、大事なことだと思います。

■

越智　三月一一日以降の報道については、今日も批判が多く出ておりました。報道はとんでもないという基本的なトーンが、今日の会にもあるかもしれませんけれども、五月一一日にNHKのETV特集で「ネットワークでつくる放射能汚染地図」というドキュメンタリー番組がありました。私は非常に感動しました。NHKのなかにも色々な人がいるわけで、こういう番組をつくる伝統があるのだなあと思いました。

ビキニの核実験やチェルノブイリ、東海村の事故などの放射能汚染に関する番組にたずさわってこられた桜井均さんがいらっしゃいますので、一言お願いします。

桜井　私はNHKを退職してから、映像ドキュメントドットコム（www.eizoudocument.com）というサイトを仲間と立ち上げ、関心のあることを撮影、編集してアップロードしています。今日はその撮影でまいりました。発言をというので、少しお話しさせていただきます。

今話題になっている「ETV特集・ネットワークでつくる放射能汚染地図」は、じつはNHKでは簡単に放送できないはずの番組です。なぜ放映できたのかというと、「本当のこと」を撮ってしまったからとしかいいようがないんですね。あの時期にあそこまで行ってしまうという決断をするには、取材スタッフにそれなりの蓄積があったからです。

まず、どういう核の種類が出ているかということを確定しないと、どういうことが起こったかわかりません。そのために、土を調べています。本当にプルトニウムなどが飛び散っていた場合には、即座に報道しなければいけません。分析には時間がかかりましたが、それは原子力発電所の敷地のすぐ外から出ました。

もう一つは、ホットスポットの発見ですね。これはディレクターにチェルノブイリの経験があったからできたことです。チェルノブイリ事故の直後は、とにかくチェルノブイリに行けば番組ができると思った。だけど、ラップランド（スカンディナビア半島のほぼ北極圏内にある地方）とか思わぬところで、すごいことが起こっていて、いったい取材範囲はどこなのか、ホットスポットが散在しているというので、今回の番組を担当した七澤ディレクターはあちこち飛び回って、その実態を明らかにしたのです。ですから、福島においてもそういう場所があるだろう、と移動しながら撮っていくと、実際に出てきました。

つまり、このＥＴＶ特集は逸早くどういう核種が出ていたかを知るということと、ホットスポットは必ずあるという、この二つの科学的知見を持っているジャーナリストがいたことによって初めて番組ができたということです。

彼は今日は来ていないと思うんですけれども、社内ではちょっとこわもてですが、やはり彼しかわからないことがあるのです。

もう一人の担当者は、「モリチョウさんを探して——ある原爆小頭症児の空白の生涯」（ETV特集）という、原爆で胎内被爆をして、都内の病院で亡くなった方の取材をしていた大森ディレクターです。彼はホームレスの取材もしています。その二人が急遽チームを組んだことで初めて「ネットワークでつくる放射能汚染地図」ができました。

NHKにはそういう、バッターボックスに入るときに思いきりやればいいんだというぐらいに思っているグループが少しばかりいまして、それが二割、三割いれば、三割バッターになるわけです。

お話にあがっている福島原発ですが、これは一五年戦争になぞらえると、満州事変から始まって日中戦争、真珠湾攻撃、サイパン陥落、東京大空襲、沖縄、広島、長崎……8・15となるわけですけれど、この原発に関しては何年戦争になるのだろうか、と考えました。戦後でいえば、原爆が落ちてその瞬間に亡くなった方がいたり、原爆症になったり、あるいは放射線障害であったり、胎内被爆による小頭症の人がいたりします。

私はがよく覚えているのは、一九七一年の原爆記念式典に当時の佐藤首相が来たときに、彼に飛び掛って唾をかけた人たち、被爆二世の方たちですが、彼らは爆撃を受けたわけではないので、原爆は放射能として受け取っています。だから、彼らからは爆撃の話は聞きません。

昨日、その当時の本『君は明日生きるか』（全国被爆者青年同盟編、破防法研究会、一九七二年）を引っ張り出して、読んでみましたらこんな一節がありました。「そもそもわれわれにとって戦後といわれているけれども、いつ戦争が終わったっていうんだ。戦後民主主義はまったくのペテンであり、そればかりか戦後民主主義、戦後文化というものに被爆者は殺されてきたのではなかろうか」という、まさに、被爆者にとって戦後は現代の戦場であり、生き続けることが戦いであったということが書かれていたのです。

被爆二世の人たちは、厳しく親たちを批判したのです。つまり、軍都だった広島で、また三菱重工の街、長崎で、あの戦争に反対しなかった。そういう場所に居て被爆した。二世の人たちは、すぐにくたびれてしまったり、白血病になったり、放射能の影響が出ていました。その人たちは、親に対して怒りをぶつけました。自分のせいではないからです。もちろん、親たちだって加害者というわけではないのです。

米ソの冷戦下で、被爆者たちは沈黙させられていました。また一九五四年、ビキニ環礁で水爆実験が行われ、原水禁運動が起こりました。しかしその後すぐ、アメリカから原発をもらってしまったりして、日米安保体制に組み込まれていくわけです。この間、広島、長崎は沈黙した。それで二世は親たちと衝突するようなことになって、非常に悩んでいました。そして全体的に静かになっていった。

今度の東北のことは、これは冷戦ではありませんが、高度成長のときにどんどん黙らされていった。一九六一年に農業基本法が制定され、農業の生産性が求められていった時期で、本当に東北が色々なかたちで、「バックヤード」という言い方は悪いですが、そうされていった歴史があります。詳しくお話しする時間はないんですけれども、最後は、リゾート開発とか原発とかに行きついたわけです。

この間、東北の人たちも沈黙を強いられてきました。色々な意味で、先ほどの高橋哲哉さんの犠牲の話もそうですが、そういうものを組み込まないと進んでいけないような社会システムをずっと僕らはつくってきたわけです。

飯舘村では、みんなで自然と一緒に暮らすというかたちを築いてきていました。そういう、里山とともに調和して循環型の社会をつくることが、この日本でもようやく出てきたときに、セシウムをかけられた。里山を除染することはすごく大変で、一〇〇年くらいかかるだろうといわれています。

ようやくつくろうとした環境それ自体が壊れてしまった。そういうシステムのなかに僕らがいるということです。そう考えれば、原発と共存することはできない、ということだと思うのです。日本は戦争に敗けてから、戦後をきちんと生きてこなかった。では、3・11後、また同じことを繰り返すのか。でも今度の敗戦は、もう元に戻れないわけです。というかまだ終わっていない、どんどん進行していくと思うのです。そのときに私は福島を簡単に、カタカナにしないほうがいいと思っています。広島も長崎もカタカナになったわけですが、それは被爆地としての広島、長崎なんですが、被爆者ということばもカタカナになりました。しかし、広島や長崎は同時に、反核の拠点にもなっていきました。

福島の場合は原発の被災地という意味でカタカナにするのではなく、反原発の出発点として考えれば、東日本災害といっているわけですから、東日本のなかに東京も入って、それが一種のゾーンになる。

福島ということをカタカナにするのであれば、われわれも「トウキョウ」というのか「ヒガシニホン」というのかわからないけれども、カタカナで「ヒバクシャ」にもなっていくということを、みんなで考えて行かなくてはならない。被曝者になれといっているわけではありません。先ほどお話した被爆二世の問題と同じように、今現在、妊娠しているお母さんのおなかにいる胎児とか、小さい子どもたちとかが、将来、大人たちを責め続けるだろうと思います。

たしかに広島おいても、一世たちは加害者ではない。だけど、そこに生きていた。その親たちを責めるようなことをいわなければ生きられなかった二世がいて、今度も同じようなことが起こるだろうと思います。今の福島の人たちが、決して加害者ではないんだけれども、同じようになぜお父さん、お母さんは逃げてくれなかったの、私たちを逃がしてくれなかったの、といわれるわけです。

われわれはどうしたら、その人たちが逃げるための支援ができるのか。それをやり続けても、同時に原発が次々に存在していたら、いくらやったってその運動自体が進まない。結論的にいえば、〝とにかく原発やめろ〟ということです。福島もそれを、平和宣言ではないんだけれども、反原発の出発点にするというくらいの運動がないと、何もできないと思う。そういうところまでの射程を考えたい。

NHKの番組には、ときどきいいのがあります。そういう番組のきっかけは、たいてい担当者自身の個人的な関係から入っていくことが多いのです。個人のケアから始まって、それがやがて公共性になるわけです。普通、この社会の公共性というのは、公園とか、なんとかに象徴されるように、「犬はいけませんよ」とか「ホームレスはいけませんよ」という排除の理屈が先にありました。公共放送の「公」という字も、地デジになって見られない人をいっぱいつくったり、ともすると「排除の論理」です。だから「公」という字から出発するのはやめて、やはりケアとか個人から始まって、やがてそれが公共の「公」ではなく「共」のほう、コモンのほうに行けばいいと思います。

■

越智　最後に、問題提起をされた高橋さんと小泉さんに一言ずつお願いします。

高橋　今日、私がお話したのは、今回の事故をとらえる、あるいは原発というシステムをとらえる、ひとつの観点だと理解していただければいいと思います。そして、こういう見方で、色々な現場を見ていって、われわれの社会を少しでもよくする。つまり、犠牲のない社会に近づけていくために役立てばいいなと思います。

個々の点に簡単にいくつかふれたい。内海さんが公害反対が公害輸出を認めてしまうようなことになる、というパラドクスについて指摘され、反原発を原発輸出にすり替えてはいけないとおっしゃいました。モンゴルの例もそうですが、原発だけではなくて、放射性廃棄物処理場の問題も、原発の問題に含めなければなりません。

　海老坂さんもふれられましたけれども、私の話のなかで少しふれた米軍基地の問題、これも戦後、ヤマトの方にも米軍基地が多くあって、反対闘争がかなり激しくあった。しかし、その後、ヤマトのほうで基地がなくなっていった代わりに沖縄にかなり集中する、というようなことがあって、問題が見えなくなりました。見えなくなってはいけないんですけれども、そうなってしまった。そういう運動のダイナミクスといいますか、パラドキシカルな結果というものも充分考慮にいれなければいけないと思いました。

　それから、市野川さんがおっしゃったことは、私も国民投票というのは怖いなと思っているところがあるので、共感できました。住民投票というのを積み重ねていって、下から上へということなんですが、同時に、国政レベルでも、自民党はもうどうしようもないということで、政権交代をして民主党に一度やらせてみようかといったら、この体たらくです。政治そのものに絶望してしまうというのはありがちなことなんですけれども、それでは駄目ですので、じゃあどうするかといったら、国政レベルでも政界再編……本当に好きではない言葉ですけれども、ドイツであれば緑の党とかですね、そういうものにあたる勢力が、この機会に、福島事故があった機会に、あるいは、東日本大震災があった機会に出てきてくれないかなと。つまり、私たちの生きる生活の、平和を含めた私たちの命を尊重していくということで大同団結するような、そういう勢力が国政レベルでも必要じゃないかと思います。ではどうすればいいのかというと確たる答えがまだ見出せていないんですけれども、そういうふうに思いました。

それからもう一点は、桜井さんの福島についてのご指摘、興味深かったんですけれども、最初に内海さんがおっしゃった、いわき市の友人の方の反応を聞いていて思ったのは、私が仮にふるさとUターンとか、出身地に戻って残りの人生を過ごすとか、そういうことになったらですね、今回の事故について、原発を誘致した側の事情といいますか、そのへんをまず理解する。そして、割り切った言い方になりすぎるかもしれませんが、福島が決して一方的に被害者とはいえないところがあって、東京電力の原発を押しつけられていましたけれども、宮城県の女川とか、そのへんから福島にどの程度、電力がいっているかわかりませんけれども、東北電力にも原発があるわけですね。浪江・小高原発の計画は反対でストップしているようですけれども、事故が起きたのは東北電力の原発であってもおかしくないわけです。そのへんはかなり複雑に入り組んでいるので、原発が人間社会、私たちの生活のなかに巻き起こす、色々な問題をきめ細かく腑分けして、そうやって下から、反原発、脱原発の波をつくっていく、そういうことが大事ではないかと思います。

小泉　私は原子力にかかわったという話を先ほどいたしましたけれども、それが変わったという理由はいいませんでした。それは水俣です。大勢の人たちが色々な立場で、水俣を重く考えて、自分の領域で何ができるかということをそれぞれ考えました。私も同じ思いで、四〇年間、この問題にかかわってまいりました。

チェルノブイリでは、約五年程、支援あるいは調査のために現地へ行きました。そこで見たものは、先ほど菅井さんがすでに話したような内容です。まったく人がいなくなった集落を訪れました。その集落は、木を横にしたその柱の長さで家を組み上げていきます。そこでは窓が貴い存在で、各家では窓を飾るほどなのです。しかし、人が住まなくなった家からは窓ガラスがどこかへ持って行かれてしまいます。大きな立派な家でしたが、あの景色のなかで、黒い死んだ目で寂しくたたずんでいるのが印象に残っています。

次に訪れた集落は、たまたま汚染が低かったということで、かろうじて人が生活していました。そういうところの窓は、明らかに生きています。そういう光景をさんざん見てまいりました。

先ほどの市野川さんのドイツのお話、そして国民投票の議論、私自身、ずっと同じ思いをしてまいりました。上からかぶる運動ではなくて下からというのは、菅井さんとずっとかかわってきた柏崎町や巻町でも、下からやってきました。三重県の芦浜原発では、地元民が自分たちの生活をどうするんだ、という下からの支えによって原発を止めてきました。私は下からという考えに基づいて、行動したいと思います。

ほとんど高橋さんや市野川さんと同じ考えになってしまいました。今は文明の転換期ですから、日本のなかでは色々な考え方が登場し、三月一一日を一つの契機として、変わって行く、ということに期待したいと思います。

■

越智 最後に共同代表の内海さんから閉会の挨拶をお願いします。

内海 今日は長時間、ありがとうございました。急に指名させていただいた三人の方にもご発言いただいて、多くの問題点を指摘していただきました。原発の問題をとおして、今の日本社会が抱えている差別の重層的な構造が色々な角度から抉り出されたと思います。

最後に、市野川さんが「住民投票がいい」、とおっしゃいました。ここでまた差別の問題がでてきます。その住民投票から排除されている住民がいる。外国籍の住民です。地震のときも汚染地域からの避難のときにも、多くの外国籍の住民がいたはずです。これから住民投票をやっていく場合にも、在日韓国人朝鮮人、在日中国人の意見をどのように反映していくのかを考えていかなくてはならないと思います。この問題も含めて、原発の問題は私たちがどういう社会、どういう地球をつくっていくのか、「文明の転換点」です。このサブタイトルに見あうような生き方の今後を、これからもみんなで議論をして、つくって行きたいと思います。

なお、NHKにも、悪い番組があったら電話をしたり、手紙を出す。悪いときだけではなく、いい番組があったときにも反応する。それは組織のなかで頑張る一%か〇・一%かの人たちがいい番組をつくる後押しにもなります。それは新聞や雑誌など活字メデアにもいえると思います。これは日常的に一人でもできる運動です。今後もみなさんと一緒に原発に反対し、「共に生きる社会をどう作っていくのか」を考えていきたいと思います。

ありがとうございました。

【参考・メア日本部長発言録】

私は二〇〇九年まで駐沖縄総領事だった。在日米軍基地の半分が沖縄にあるといわれているが、この統計は米軍専用基地だけ勘定している。もし、米軍基地と米軍と自衛隊が共用している基地のすべてを考慮に入れれば、沖縄の基地の割合はもっと小さくなる。沖縄で問題になっている基地はもともと水田地帯にあったが、沖縄が米施設を囲むように都市化と人口増を許したために今は市街地の中にある。

沖縄の米軍基地は地域の安全保障のために存在する。基地のために土地を提供するのが日米安保条約に基づく日本の責務だ。日米安全保障条約に基づく日米関係は非対称で、日本は米国の犠牲によって利益を得る。米国が攻撃されても日本は米国を守る責務はないが、米国は日本を守らなければならず、日本の人々と財産を保護する。

集団的自衛権は憲法問題ではなく、政治問題だ。

一万八千人の米海兵隊と航空部隊が沖縄に駐留している。米国が沖縄に基地を必要とする理由は二つある。既にそこに基地があることと、沖縄は地理的に重要な位置にあることだ。（東アジアの地図を見せながら）、在日米軍の本部は東京にあり、そこは危機において、補給と部隊を調整する兵たん上の中心に位置する。冷戦時に重要な基地だった三沢はロシアに最も近い米軍基地であり、岩国基地は朝鮮半島からわずか三〇分だ。さらに、沖縄の地理的位置は地域の安全保障にとって重要だ。

沖縄は中国に朝貢していたが、独立した王国だった。中国の一部になったことはない。米国は一九七二年まで沖縄を占領した。

沖縄の人々の怒りや失望は米国でなく日本に向けられている。日本の民主党政権は沖縄を理解していない。日本政府は沖縄とのコミュニケーションのパイプを持っていない。私が沖縄の人と接触しようと提案すると、民主党の関係者は「はい!はい、お願いします」という。自民党の方が現在の民主党政権よりも、沖縄と通じ合い、沖縄の関心を理解している。

三分の一の人は軍隊がない方が世界はもっと平和になると思っているが、そんな人たちと話し合うのは不可能だ。

二〇〇九年の選挙が民主党に政権をもたらした。これは日本では初の政権交代だ。鳩山首相は左派の政治家だ。民主党政権下で、しかも鳩山首相だったにもかかわらず、米国と日本は二+二(外務、防衛担当閣僚による日米安全保障協議委員会)の声明を(昨年)五月に発表することができた。

米国は普天間飛行場から海兵隊八千人をグアムに移し、米軍の存在感を減らすが、軍事的プレゼンス(存在)は維持し、地域の安全を保障、抑止力を提供する。

（米軍再編の）ロードマップのもとで日本は移転費を払う。これは日本による実体的な努力のしるしだ。日本の民主党政権は実施を遅らせているが、私は現行案が実施されると確信している。日本政府は沖縄の知事に対して「もしお金が欲しいならサインしろ」と言う必要がある。ほかに海兵隊を持っていく場所はない。日本の民主党は日本本土への施設移設も言ってきているが、日本本土には米軍のための場所はない。

日本の文化は合意に基づく和の文化だ。合意形成は日本文化において重要だ。しかし、彼らは合意と言うが、ここで言う合意とはゆすりで、日本人は合意文化をゆすりの手段に使う。合意を追い求めるふりをし、できるだけ多くの金を得ようとする。沖縄の人は日本政府に対するごまかしとゆすりの名人だ。

沖縄の主産業は観光だ。農業もあるが、主産業は観光だ。沖縄ではゴーヤー（ニガウリ）も栽培しているが、他県の栽培量の方が多い。沖縄の人は怠惰で栽培できないからだ。

沖縄は離婚率、出生率、特に婚外子の出生率、飲酒運転率が最も高い。飲酒運転はアルコール度の高い酒を飲む文化に由来する。

日本に行ったら本音と建前について気を付けるように。言葉と本当の考えが違うということだ。私が沖縄にいたとき、「普天間飛行場は特別に危険ではない」と言ったところ、沖縄の人は私のオフィスの前で抗議をした。

沖縄の人はいつも普天間飛行場は世界で最も危険な基地だと言うが、彼らは、それが本当でないと知っている。（住宅地に近い）福岡空港や伊丹空港だって同じように危険だ。

日本の政治家はいつも本音と建前を使う。沖縄の政治家は日本政府との交渉では合意しても沖縄に帰ると合意していないと言う。日本文化はあまりにも本音と建前を重視するので、駐日米国大使や担当者は真実を言うことによって批判され続けている。

米軍と日本の自衛隊は違った考え方を持っている。米軍はありうる実戦展開に備えて訓練しているが、自衛隊は実際の展開に備えることなく訓練をしている。

日本人は米軍による夜間訓練に反対しているが、現代の戦争はしばしば夜間に行われるので夜間訓練は必要だ。夜間訓練は抑止力維持に欠くことができない。

私は日本国憲法九条を変える必要はないと思っている。憲法九条が変わるとは思えない。日本の憲法が変わると日本は米軍を必要としなくなってしまうので、米国にとってはよくない。もし日本の憲法が変わると、米国は国益を増進するために日本の土地を使うことができなくなってしまう。日本政府が現在払っている高額の米軍駐留経費負担（おもいやり予算）は米国に利益をもたらしている。米国は日本で非常に得な取り引きをしている。


（沖縄タイムスＨＰ〈http://article.okinawatimes.co.jp/article/2011-03-08_15192〉）

【補論】

東電福島第一原発事故発生から一年半——事故は収束していない

菅井益郎

二〇一一年三月一一日は日本の歴史に深く刻み込まれる日になるであろう。東日本大震災（東北地方太平洋沖地震）が発生し、それにともなって起こりえないとされていた炉心溶融事故が東京電力福島第一原子力発電所1～3号機で発生、1、3、4号機では水素爆発によって原子炉建屋が吹き飛んだ。2号機建屋は残ったが格納容器下部に重大な損傷が発生し、膨大な放射性物質を大気中に放出し、最大の放射能汚染源となった。

事故後住民たちは危険を感じて自主的に避難したり、自治体の判断で避難したり、政府の避難指示によって避難したりした一方、適切な避難指示が行われなかったために避難できず放射能汚染にさらされたり、さらには避難先で放射能雲に覆われたりした人びともいた。原発の重大事故時の避難を誘導するためにつくられたＳＰＥＥＤＩ（緊急時迅速放射能影響予測ネットワークシステム）のデータが活用されなかったためである。それまでの原子力防災計画では原発の敷地外に影響を及ぼすような重大事故は起こらない、万一過酷事故が発生した場合でも最大八～一〇キロメートル圏内について避難対策をしておけばよいとしていたので、放射能雲がこれを超えて行ったときの対処法がなかったのである。住民の避難が遅れに遅れたうえに、事故から一年半たった今日なお、福島市など中通り地域の高汚染地域（ホットスポット）にたくさんの人びとが暮さざるをえない状況に置かれていることは大きな問題である。当初の警戒区域（二〇キロ圏内）や計画的避難区域（二〇キロメートル圏外で年間二〇ミリシーベルト以上の被曝が予想される地域）、特定避難勧奨地点（その他の二〇ミリシーベルト以上の被曝が予想されるホットスポット）については、地域指定の見直しが補償問題と絡めて行われているが、避難している住民の側に立って行われているとはいいがたい。

原発事故による避難者は、今なお十数万人に上っている。除染して早期帰還を促す政府や地方団体当局者の方針は、避難者の故郷を思う心情に依拠しているように見えるが、結果的には巨額の費用を投じて効果のほとんど上がらぬ除染ビジネスをはびこらせているだけだといわれる。多数の作業者を被曝させながら除染したとしても半分にしか下がらないうえに、周囲の山や森から移動してくる放射能がせっかく除染した所を覆ってしまえば元の木阿弥になることも容易に想像できる。無理をして除染する必要性がいったいあるのか。除染費用は総額では数兆円から数十兆円に上ると考えられるので、とりあえずは緊急性の高い狭い都市部の除染に限定して、避難指示にかかわるような地域は新たな地での新しい町づくり（仮の町でもよい）を進めるべきである。現時点での最大の課題は除去した汚染土壌の持って行く先が決まっていないことである。中間的な貯蔵施設どころか一時的な保管場所さえ決まっておらず、未だに仮置きされているという現状はきわめて深刻な状況といえる。

避難している人びとからは除染に回す資金を避難民の生活再建のために使うべきだという強い要望が出ている。何故ならセシウム１３４の半減期は二年だから二〇年間待てば千分の一に減少するからだ。セシウム１３７の物理的半減期は三〇年だから待ってもほとんど変わらないが、地形や地質などの条件によっては流出して少しずつ下がっていくと考えられるからである。それ故最低でも二〇～三〇年間は手を付けずに測定し続けながら見守ることが必要であり、そのためにも雇用も含めた生活の再建が優先されなければならないのである。

野田民主党政権は多くの人びとや識者、専門家の批判を顧みずに事故から九カ月経った二〇一一年一二月一七日、溶融した炉心を冷却するための水が「掛け流し、たれ流し」状況にあるにもかかわらず、原発事故の「収束宣言」を出した。事故の実態を直視しないその強引な姿勢こそ住民に被害を与えるような大事故を起こした行政側の背景要因なのではないか。「収束宣言」の半年後の二〇一二年七月初旬に出された国会事故調査委員会の『報告書』においては、「事故自体まだ収束していないことには十分な注意が必要」と明確に指摘されていることは重要である。

東電福島第一原発の事故から一年半、被災地の状況は予想されていたように原子力公害（放射能公害）の様相を呈してきた。子どもたちの被曝を心配すればただちに集団疎開ないし避難させなければならなかったのに、行政はそのための方策をとらなかった。それは将来に大きな禍根を残す可能性が高い。避難民となった多くの住民は僅かな補償金と引替えに職を失い、農地も家も、環境も、生活の一切を奪われ、家族はばらばらにされた。そうした福島県の被災地の実態は無論のこと、加えて東日本全体が放射性ヨウ素やセシウムに汚染され、飲料水や野菜類の摂取が制限されたことにより、人びとの間では反原発・脱原発の世論が高まり、ついに北海道電力泊3号機が停止した五月五日からおよそ二カ月間、福島第一原発の四基を除く日本の全原発五〇基が停止するに至った。

事故原因も究明されず、避難民の補償、生活再建もなされぬまま夏の電力不足を補うためという名目で強行された関西電力大飯原発3、4号機の再稼働には、多くの人びとが街頭に出て反対運動を展開した。さすがにこれまで原発を推進してきたマスコミもぐらつきながらも批判したが、財界の代弁者を自認する「日経」や電力の御用学者たちは再稼働を主張した。そのため毎週金曜日の夕刻に行われている脱原発、反原発を訴える人びとによる首相官邸前の抗議活動はますます大きくなっていった。

政府は福島の原発事故の深刻さを踏まえて昨年夏以降原子力を中心にした電力政策、エネルギー政策の転換をはかろうとしてきたが、民主党政権内部の原発推進派と反対派の確執が大きく、大胆な転換ができないままいたずらに時間を費やしていた。とくに再稼働問題をめぐって国民の批判が高まったことにより、政府は二〇三〇年の原発依存度について、ゼロパーセント、一五パーセント、二〇~二五パーセントの三選択肢を提示して国民の意見を聴取することにした。結果はゼロパーセント、それも前倒しして達成せよとの意見が圧倒的になり、一五%をめざした政府の思惑は退けられ、二〇三〇年原発ゼロへと前進したかに見えた。しかしその後、原発推進派からの巻き返しで、二〇三〇年は二〇三〇年「代」へと後退した。

九月一四日、政府のエネルギー・環境戦略会議は「二〇三〇年代原発ゼロ」を発表したが、他方では「もんじゅ」も六ヶ所の核燃料サイクルも継続、加えて建設途中の原発の建設というまったく矛盾に満ちたものであった。さらに一九日には財界や米仏からの圧力もあり、「二〇三〇年代ゼロ」の実現も引っ込められ、ついに鳴り物入りで一年前に発足した「革新的エネルギー・環境戦略」の報告書は閣議決定から外され、単なる参考文書に貶められたのである。同日、懸案であった原子力規制委員会と事務局である原子力規制庁が発足したが、これもまた国民の期待を裏切る人事と組織で、いわゆる「原子力ムラ」で固められたものである。

何という想像力の欠如。放射性廃棄物の処理処分ができないにもかかわらず、またあれだけの原子力公害を起こしながらも、この国はまったく変わらないのであろうか。しかし希望はある。昨年の9・18集会や今年福島で行われた3・11集会、二〇万人を超す人びとが集った7・16集会、それに3月頃から有志によって始まり、回を追うごとに参加者が増え、6・29から7・27のうねりを作り出した官邸前デモなどの一連の運動である。首都圏の脱原発・反原発運動は全国各地に波及しているが、それらはこれまでの社会運動とは異なる様相を持った運動として拡がっている。

かつて大江健三郎さんはエッセイ集『持続する志』（講談社文芸文庫、一九九一年）を出して、自らの訴えを持続することによって責任を果たすことの大切さを主張したが、今私たちに求められているのは原発ゼロに向かっての持続する志である。政財界の原発推進勢力は、放射能公害の実態を顧みずに原発再稼働を主張し、原発に依存しない生活をめざす国民の希望を打ち砕くための巻き返しに躍起になっている。私たちは原発推進派の巻き返しに対しては抵抗を持続し、さらに多くの人びととの結集をはかることによって原発なき豊かな社会を実現しようではないか。

＊

本書が収録したシンポジウムから早一年以上がたってしまったが、このシンポで高橋哲哉さんと小泉好延さんから提起された問題点は現在も継続しており、この東電福島第一原発の事故の本質を理解するうえで現在も重要だと考えられる。予定より半年以上も遅れての発行となったが、原発事故の収束が見通せず、避難民の生活再建がまだ遠いなかで、東電福島第一原発の事故だけではなく、原子力に依存した社会をもう一度考え直す素材として本書の活用を望む。

（二〇一二年九月二一日）

【付論】

サルトル的な発想

海老坂武〈聞き手・須貝道雄〉

生きる意味は自分でつくらないといけない

フランスの哲学者であり文学者であったサルトルは、二度にわたる世界大戦と戦後の冷戦、そしてベトナム戦争など人間が人間を迫害し、殺りくする二〇世紀という時代を生きた。絶望しそうな日々に、彼は「人間とは希望である」「未来である」といたるところで語っていたという。

海老坂武さんは学生の頃からサルトル一筋に研究を重ねてきた。二〇歳の頃に読んだ小説「嘔吐」に衝撃を受けたのが最初の出合いだった。はたして今の時代、サルトルの考え方はどのような意味を持つのだろうか。

《若い頃に僕は、人間とは根本的に無意味なものじゃないかと考えていました。まったく偶然にこの世に生まれてきたもので、生きている理由は本当はないんじゃないかと。そう思い悩んでいたときに、「嘔吐」を読んだんです。そうしたら自分と同じことを作者は考えている。しかも、それに哲学的に明快な答えを示しているので驚いたんです》

《公園にあるマロニエの木の根っこを主人公が見ている場面が出てきます。根っこはよく見ると、単なる不気味なもので、周囲とは無関係にそこにある。そして人間も同様に、根拠のない偶然の産物だと思う。主人公はこんな時、吐き気を催します。しかし、やがて偶然とは対照的な世界があることを知ります。芸術です。具体的にはジャズ音楽でした。順番を逆にしたら崩れてしまう、始まりと終わりのある秩序ある世界。それを契機に、人間は偶然に流されてはいけない、何かをつくらなければいけないと主人公は小説を書く決意を固めます》

《結局、この小説から読み取れるのは人間の生きる意味は、神や世間が与えるものではないということです。自分でつくらなければいけないということでした。絶えず自分で何かプロジェクトを企て、自分をそこに投げ込んでいくという考え方がサルトルの発想の基本にあります。それが人間の希望と未来につながると。一九八〇年に亡くなる直前のインタビューの題名は「いま、希望とは」でした》

黙っていれば人間は絶えず周りから選ばれ拘束されてしまう

「選択」とか「参加」と和訳されるアンガジュマンという言葉がサルトルの思想のキーワードだ。何かを選択し、参加し、自分を拘束することが大事と見ていた。東日本大震災を機に、海老坂さんはその意味を問い直している。

《自分で選ぶなり、参加するなりの行動を起こさず、ただ漫然と過ごしていると、今の社会ではどんどん外から選ばれ拘束されてしまう。痛感したのは震災後の電力不足でした。いつの間にか原子力発電が全体の約三〇%を占めていた。別に自分は賛成投票をしたわけでもないのに、どんどん既成事実がつくられた。自分は選択していないはずが、周りで原発が選ばれ、日本全体を拘束してしまった。イタリアでは国民投票をしてますよ。たいしたものです。一人ひとりの能動的な選択が重要だと痛感しています》

《同じことが食べ物にもいえます。店では出来上がった便利な食べものをたくさん売っている。例えばハンバーグです。どういうふうに作ったのか、消費者は知らずに買って食べている。受動的な暮らしの結果、電力がどこからどのようにして来るのかわからないのと同様に、ハンバーグの作り方も怪しくなる。要するに消費者全体に創造の部分がなくなって、まるごと外部に委ねられている。これも知らぬ間に拘束される例です》

結婚しない道を選択してシングルライフを送る海老坂さん。「結婚だって自分で能動的に、結婚するか、シングルでいくか、きちんと選ばなければ大勢に流される」と語った。

「彼は何と言ったか」と世界から、その発言が注目される知識人だった

サルトルは次々と起こる政治的な事件に対して常に立場を明確に打ち出し、賛成・反対の両者から一目置かれる存在だった。戦後はソ連と社会主義を支持する選択をしながらも、五六年のハンガリー動乱や六八年のプラハの春での批判や発言は世界の耳目を集めた。

《立場を表明しないという態度も人にはあると思いますよ。例えばサルトルの旧友である仏哲学者のレイモン・アロンは立場を明らかにせず、ものごとを観察して、その内容を示すだけでした。だから間違わない。二人を比較して若者たちが「アロンとともに誤らないことを選ぶのではなく、サルトルとともに誤ることを選ぶ」と言った有名な言葉があります》

《僕はサルトル派ですから立場を明らかにしたいと常に考えています。そこで情けないと思い、悔やんでいるのは今回の福島原発事故です。僕は原発反対だったのに、過去に原発を批判する文章を一つも書かず、発言もまったくしてこなかった。原発に関しての知識も勉強も不十分だから発言しなかったのですが、それは間違いだった気がします。問題を専門家だけに委ねていてはだ

めだ。素人は素人なりにここまでは言えるということがあると思うんです》
《現代は知識人とは何かが問われています。サルトルが強調していたのは、自分の研究の目的は何かを、別の視点から見る必要性でした。別の視点で専門分野を眺めるときに、人は知識人になるという言い方をしています》
《第二次大戦で日本に原爆が落とされたとき、サルトルは短い文を書きました。それまで人類は何となく生きてきたのだが、今後は「生き続けるのだ」という強い意志を持つことを絶えず迫られるだろうという内容でした。厳しい核の時代を予感したのです。それは今も変わらない。生き続けるという強い意志の必要性は、今回の震災で改めて思い出した言葉です》
（「日本経済新聞」二〇一一年五月二八日、須貝道雄氏は編集委員）

二〇一一年市民文化フォーラム「八・一五」集会／発言者

市野川容孝（いちのかわ・やすたか）　一九六四年生まれ。東京大学大学院教授。〈社会学〉『社会』（岩波書店、二〇〇六年）、他。

内海愛子（うつみ・あいこ）　一九四一年生まれ。大阪経済法科大学アジア太平洋研究センター長。〈日本アジア関係史、戦後補償論〉『キムはなぜ裁かれたのか――朝鮮人BC級戦犯の軌跡』（朝日新聞出版、二〇〇八年）、『戦後補償から考える日本とアジア』（山川出版社、二〇一〇年改訂版）等。

海老坂武（えびさか・たけし）　一九三四年生まれ。〈フランス文学〉『祖国より一人の友を』（岩波書店、二〇〇七年）、他多数。

越智敏夫（おち・としお）　一九六二年生まれ。新潟国際情報大学教授。〈アメリカ政治〉『現代市民政治論』（共著、世織書房、二〇〇三年）。

小泉好延（こいずみ・よしのぶ）　一九三九年生まれ。東京大学アイソトープ総合センターを経て、市民エネルギー研究所。〈放射線計測学〉『環境百科　緊急普及版』（駿河台出版社、二〇一一年）。

桜井　均（さくらい・ひとし）　一九四六年生まれ。元NHKプロデューサー、立正大学教授。〈ジャーナリズム論〉『テレビは戦争をどう描いてきたか――映像と記憶のアーカイブス』（岩波書店、二〇〇五年）。

菅井益郎（すがい・ますろう）　一九四六年生まれ。國學院大学教授。〈日本経済史〉『通史足尾鉱毒事件――一八七七〜一九八四』（共著、新曜社、一九八四年。新版が近々世織書房より刊行）。

高橋哲哉（たかはし・てつや）　一九五六年生まれ。東京大学大学院教授。〈哲学〉『犠牲のシステム　福島・沖縄』（集英社新書、二〇一二年）、他多数。

「市民文化フォーラム」結成の呼びかけ

――平和主義の明りを灯し続け、希望の世界地図を創るために――

歴史の転換期。今ほど日々、この言葉を痛感する時はありません。◆「9・11事件」以来、アフガン戦争、イラク攻撃などなど、圧倒的な軍事力を背景にしたアメリカ一極主義の横暴ともいえる事件が次々に起きています。米英中心のイラク攻撃に対して、ニューヨーク、ロンドンをはじめ世界中で一〇〇〇万人以上もの人々が一斉に「No War」を叫んでデモをしました。開戦前にこれだけ大きな反戦の動きが起こったのは人類史上はじめてのことです。しかし両国軍はこうした声をまったく無視して一方的な「無差別攻撃」を続行し、大量殺戮を行いました。これによって何が解決したのでしょう。世界はますます混沌の様相を深めています。◆日本の状況は、さらに深刻です。改憲に向けて、「有事法制」「個人情報保護法」「教育基本法改正」などが、急速に政治日程にのぼってきています。これらは、戦前の軍国主義を正当化するとともに、日本をより強固な管理主義国家へとつき進ませるものです。そのことは再び日本を、アジアや世界からいっそう孤立させることになります。この道を避けるためには、まず過去の歴史を直視する勇気を持ち、アジアの人々と共有できる歴史認識を新たに形成することが不可欠です。◆「8・15集会」は、旧国民文化会議（一九五五年結成）の有志などによる実行委員会が一九六五年から主催してきました。私たちは、その平和主義・民主主義を徹底しようとする志に共鳴して、二〇〇一年の国民文化会議解散後も自主的に「8・15集会」や「12・8集会」の開催にかかわってきました。二〇〇一年の国民文化会議解散後も自主的に「8・15集会」や「12・8集会」の開催にかかわってきました。日本の民衆が戦後半世紀以上にわたって培ってきた平和主義の明りを消してはならないという思いからです。◆これらを開催する過程で私たちは、二一世紀の世界の平和秩序、つまり「希望の世界地図」ともいうべき長期展望を、市民の情報交換と徹底した討論から生み出す必要を痛感してきました。とりわけ、戦争中の日本人の加害・残虐・殺傷行為の発掘調査、各分野の新人や埋もれた物故作家の顕彰、通俗だから売れる文化商品のボイコットなど、一人ひとりの市民が自らの声で発言し、議論し、行動する文化のたたかいを日本社会に築くことが何よりも必要だと、私たちは感じています。「市民文化フォーラム」は、このような自立した市民の出会いの場を提供するための一つの試みです。新たな世界の平和秩序を構築し、改めて人類の叡智を結集するために、私たちは次のような一歩から始めることにしました。

①毎年一回の8・15集会の開催　②年数回のシンポジウム・研究会等の開催　③自主的な研究分科会の開催　④志を同じくする他団体との連携・協力　⑤反戦・平和のための行動への参加　⑥それらの成果の発信

「市民文化フォーラム」は、年会費一人三〇〇〇円を負担する個人によって構成されます。心ある方々の積極的な参加を呼びかけます。

二〇〇三年六月一五日

市民文化フォーラム準備室

8・15集会の歩み

●1965年8・15記念国民集会〈講演〉木下順二, 丸岡秀子, 藤井日達, 浅野順一, 岡村昭彦, 田中寿美子, 遠山茂樹〈発言〉古在由重, 武田清子, カール・オグルズビイ, 山口俊章, 吉野源三郎, 丸山真男, 石井伸枝, 寺尾邦彦, 進藤英毅, 阿部知二, 藤田省三, 日高六郎●1966年8・15記念国民集会〈講演〉大江健三郎, 久野収〈発言〉林雄二郎, 岡村昭彦, D. デリンジャー, J. チャウハン, J. エンデコット●1967年8・15記念国民集会〈発言〉宮岡政雄, 美濃部亮吉, 小田実, 島尾敏雄, むのたけじ, 陸井三郎, 野崎健美, 岡村昭彦, 大江健三郎, 日高六郎●1968年8・15記念国民集会〈講演〉遠藤三郎, 野坂昭如, 竹内好〈発言〉岡村昭彦, 井上正治, 野崎健美, 宮岡政雄, 大江健三郎, 庄司洸, 島田いくお, 伊礼孝, 日高六郎●1969年8・15記念国民集会〈パネルディスカッション〉新崎盛暉, 大江健三郎, 里中克彦, 鈴木達夫, 館野利治, 針生一郎, 土方鉄, 森崎和枝〈講演〉佐藤克巳, 小田実〈報告〉針生一郎, 下野順一郎〈映画〉「上海」「CN」●1970年8・15記念国民集会「わたしたちとアジア」佐藤克巳, 田中宏, 塚越正男, 中西功, 宋都憲, グェンチョン, 日高六郎, 三橋修〈講演〉柴田俊二, 今川瑛一「8・15野外展」●1971年8・15集会「いま, わたしたちは……」〈報告〉田中宏, 尾崎秀樹, 藤井治夫, 津村喬〈発言〉もののべながおき, 林歳徳, 生田テル, 坂口徳雄, 塚越正男, 小西誠, 清水知久ほか「南京大虐殺写真展」●1972年8・15集会「現在, 8・15とは」〈講演〉小山内宏, 石田保昭, 田中宏〈発言〉林歳徳, 北添忠雄, 林景明, 進藤英毅, 谷民子〈映画〉「わたしたちと戦争」●1973年8・15集会〈発言〉郷静子, 奥崎健三, 丸山照雄, 林歳徳, 宋斗会, もののべながおき, ダニエル・ロペス, いいだもも, 針生一郎●1974年8・15集会〈講演〉李恢成, 牧瀬菊枝, 日高六郎〈発言〉五味正彦, 坂本勇, 菅孝行●1975年8・15集会「戦後30年をみつめる日本人の眼とアジア人の眼」〈講演〉北沢洋子, 前田俊彦〈発言と報告〉中島正昭, 光岡玄, 新里金福, 飯島愛子, 山口幸夫, イスンナム, ツァイスウフェン●1976年8・15集会「ロッキード疑獄と戦後体制の終焉」前田俊彦, 武藤一羊, 山川暁夫, 中島誠, 津村喬●1977年8・15集会「資源問題からみた戦後」田原総一朗, 室田武, 玉城哲, 中島誠, 鎌田慧,

津村喬●1978年8・15集会「新たな戦前に抗して」〈講演〉津村喬●1979年8・15集会「戦争の論理・開発の論理」岡村昭彦,玉城哲,板橋明治,猪瀬建造,蜜岡溝太郎,藤谷要〈映画〉「TVA」「佐久間ダム」●1980年8・15集会「いま自衛隊とは……」神島二郎,中島誠〈映画〉「侵略」●1981年8・15集会「危機の虚実と非防守のススメ」〈講演〉日高六郎,中島誠,林茂夫●1982年8・15集会「反核……あらたな出発」〈報告〉菅孝行,高木仁三郎,針生一郎,日高六郎〈映画〉「予言」●1983年8・15集会「日本のこと考えていいかな」〈討論〉安達宣正,矢田真弓,小宮正丈,朝野目博丈,木田いずみ,鄭敬謨,加納実紀代,日高六郎,吉岡忍,針生一郎●1984年8・15集会「いま流行!?教育」〈講演〉森毅〈発言〉加納実紀代,元谷洋子,柴田廸春,小野悌次郎,日高六郎,山住正己,針生一郎ほか●1985年8・15集会「戦後40年　いま若者たちは……」〈討論〉中野収,加納実紀代,新崎盛暉,柴田廸春,楠原彰,安達宣正,針生一郎●1986年8・15集会「国家をこえる生き方」〈討論〉最首悟,三留理男,大久保楽栄,有光健,イスネ,チョンアヨン,楠原彰,安達宣正●1987年8・15集会「いま国家をこえるとは……」〈講演〉松井やより〈討論〉ロジャー・パルバース,チョンアヨン,ルベイチュン,高島敦子,針生一郎●1988年8・15集会「戦後日本を問いただす——少数者の普遍性」〈講演〉D.ラミス〈討論〉中谷康子,善元幸夫,薄井清,加納実紀代〈音楽〉グループ多摩じまん●1989年8・15集会「いま8・15でなにが問われているか」〈講演〉藤田省三〈討論〉五島昌子,佐久間むつみ,本尾良〈音楽〉サウスウィンド●1990年8・15集会「激動する世界のなかの日本」〈講演〉徐勝〈討論〉藤田省三,柴田廸春,有光健,渡辺英俊〈映画〉「日の丸と君が代」●1991年8・15集会「湾岸戦争後に平和を考える」〈講演〉徐京植〈討論〉石田雄,田中康夫,國弘正雄,針生一郎●1992年8・15集会「PKO後の日本とアジアを考える8・15集会」〈討論〉石川逸子,姜尚中,川田文子,林茂夫,柴田廸春,有光健〈映画〉「教えられなかった戦争」●1993年8・15集会「徹底討論・戦後補償とPKO」〈討論〉石川好,鈴木裕子,D.ラミス,保坂展人,藤井誠二,クリスティータ・アルコーバ●1994年8・15集会「戦後日本の平和運動を問う」〈講演〉小田実〈討論〉松井やより,田中宏,金城実,保坂展人●1995年8・15集会〈戦後50年記念〉「戦後日本と戦後アジア——ほんとうに『共に生きる』とは」〈講演〉角田房子〈討論〉姜尚中,加納実紀代,黒田洋一,松井や

より●1996年8・15集会「敗戦から遠く離れて――再び孤立化への道？ NO！」〈講演〉吉元政矩〈討論〉徐京植，ノーマ・フィールド，楠原彰●1997年8・15集会「市民が切り拓く未来――危うい日本と21世紀の選択」〈講演〉小田実〈討論〉内海愛子，李義茂，林茂夫●1998年8・15集会「歴史の記憶と忘却――いま自らの〈8・15〉を問う」〈講演〉樋口陽一〈討論〉鵜飼哲，北沢洋子，最上敏樹，加納実紀代●1999年8・15集会「戦争なしで生きよう――21世紀私たちの選択」〈講演〉ガバン・マコーマック〈討論〉暉峻淑子，林茂夫，古山葉子，趙博●2000年8・15集会「新世紀への架け橋――日本とアジアの未来のために」〈講演〉小田実〈討論〉野田正彰，田丸尚絵，内海愛子●2001年8・15集会「21世紀をどう生きるか――『構造改革』・ナショナリズムを検証する」〈講演〉武藤一羊〈パネルディスカッション〉矢倉久泰，内海愛子，吉岡忍●2002年8・15集会「グローバルな『有事体制』を撃つ――人ひとりからの出発」〈講演・討論〉内海愛子（司会），C. ダグラス・ラミス，鵜飼哲，古関彰一，遠藤盛章●2003年8・15集会「『有事体制』下の平和構想――『希望の世界地図』を創るために」〈講演・発言・討論〉鵜飼哲（司会），姜尚中，佐藤学，李　元，古関彰一，針生一郎，北沢洋子［市民フォーラム発足記念レセプション］●2004年8・15集会「新たな『平和への準備』――イラク・憲法・教育基本法を考える」〈講演・発言・討論〉パート1「グローバルな『全体主義』の今」小林正弥，高橋哲哉，森達也，越智敏夫（司会），パート2「日常から平和をつくるために」きくちゆみ，小森陽一，広河隆一，佐々木寛（司会）［寿ミニライブ］●2005年8・15集会「連帯をとりもどす」〈基調講演〉「戦後60年の心配」日高六郎，パート1「私からの出発」海老坂武，渡辺厚子，杉田敦，越智敏夫（司会），パート2「国境をこえる連帯」姜尚中，遠藤裕未，小倉利丸，佐々木寛（司会），富山妙子展「20世紀へのレクイエム」●2006年8・15集会「〈抵抗〉の文化をつくりだす」第1部「抵抗の文化をつくりだすために」高橋哲哉，目取真俊，市野川容孝（司会），第2部「戦争に向かう気分と平和をつくる文化」松村真澄，班忠義，KP，高橋哲哉，目取真俊，市野川容孝（司会），第3部「報告・交流会――実践としての市民文化」「KPミニライブ」●2007年8・15集会「8・15と日本国憲法――いまこそ主権在民を」〈基調講演〉「8・15と日本国憲法」奥平康弘，〈講演・討論〉「憲法と改憲手続法」阿部知子，落合恵子，福島みずほ，小森陽一，市野川容

孝●2008年8・15集会「格差と連帯――新たな共同性をもとめて――」〈開催にあたって〉「新共同代表として」小森陽一，市野川容孝〈講演・討論〉鴨桃代，斉藤貴男，龍井葉二，湯浅誠●2009年8・15集会「市民による社会変革――その未発の契機と可能性」〈基調対談・討論〉ノーマ・フィールド，広田照幸，内海愛子，小森陽一，市野川容孝（司会）●2010年8・15集会「平和の条件を根底から考えなおす――アジアの平和と市民」〈基調講演〉村井吉敬，南風島渉，内海愛子，古関彰一，小森陽一，佐々木寛（司会）●2011年8・15集会「脱原発宣言――文明の転換点に立って」〈問題提起〉高橋哲哉，小泉好延〈発言〉内海愛子，市野川容孝，越智敏夫（司会）●2012年8・15集会「政治を私たちの手に！――3・11後の新しい日本社会を創りだすために何ができるか」〈発題者〉松本哉，奥地圭子，中山均，五野井郁夫，小森陽一（司会）

脱原発宣言——文明の転換点に立って

2012年11月5日　第1刷発行 ©

編　者｜市民文化フォーラム
発行者｜伊藤晶宣
発行所｜(株)世織書房
印刷所｜(株)シナノ
製本所｜(株)シナノ

〒220-0042　神奈川県横浜市西区戸部町7丁目240番地　文教堂ビル
電話045(317)3176　振替00250-2-18694

落丁本・乱丁本はお取替いたします　Printed in Japan
ISBN978-4-902163-66-7

戦後日本の知識人●丸山眞男とその時代
都築 勉
〈日本の知識人集団が冷戦の中で自ら選びとった役割と運命を詳述する〉
5300円

沖縄／地を読む・時を見る
目取真俊
〈沖縄や本土を揺るぎない眼差しで見据え続ける著者の批評〉
2600円

沖縄戦、米軍占領史を学びなおす●記憶をいかに継承するか
屋嘉比 収
〈非体験者としての位置を自覚しながら、体験者との共同作業により沖縄戦の《当事者性》を、いかに獲得していくことができるか〉
3800円

水俣病誌
川本輝夫（久保田＋阿部＋平田＋高倉・編）
〈闘いの下で生涯を閉じた著者の全発言を収録・唯一の書〉
8000円

朝鮮民主主義人民共和国と中華人民共和国●「唇歯の関係」の構造と変容
平岩俊司
〈金日成、金正日の対中国外交の特質を膨大な資料を元に解く〉
4000円

〈価格は税別〉

世織書房